聚苯颗粒复合墙板理论与实践

JUBEN KELI FUHE QIANGBAN LILUN YU SHIJIAN

孙 毅 卜长明 黄肖颖 著

重庆大学出版社

内容提要

本书是近年来笔者开展聚苯颗粒复合墙板相关科研工作的全面总结。全书共分为6章,重点讨论了聚苯颗粒混凝土的基本力学性能及其优化,颗粒竖向不均匀分布的量化评价方法;研究了碱式硫酸镁墙板面层的力学性能和网格布预张力增强效果;开展了墙板的抗弯和抗压性能试验研究;探索了墙板与主体结构之间的钩头螺栓连接和U形卡连接受力破坏性能,以及墙板与墙板之间的钢筋连接和网格布连接受力破坏性能;介绍了聚苯颗粒复合墙板在建筑工程施工过程中的运输和安装等基本要求。

本书可供建筑工程设计和施工人员应用参考,也可供高等院校相关领域研究生科研参考。

图书在版编目(CIP)数据

聚苯颗粒复合墙板理论与实践 / 孙毅, 卜长明, 黄肖颖著. -- 重庆 : 重庆大学出版社, 2022.6

ISBN 978-7-5689-3408-4

Ⅰ. ①聚… Ⅱ. ①孙… ②卜… ③黄… Ⅲ. ①复合墙板—研究 Ⅳ. ①TU227

中国版本图书馆 CIP 数据核字(2022)第117794号

聚苯颗粒复合墙板理论与实践

JUBEN KELI FUHE QIANGBAN LILUN YU SHIJIAN

孙 毅 卜长明 黄肖颖 著

策划编辑:王 婷

责任编辑:陈 力 版式设计:王 婷

责任校对:夏 宇 责任印制:赵 晟

*

重庆大学出版社出版发行

出版人:饶帮华

社址:重庆市沙坪坝区大学城西路21号

邮编:401331

电话:(023)88617190 88617185(中小学)

传真:(023)88617186 88617166

网址:http://www.cqup.com.cn

邮箱:fxk@cqup.com.cn (营销中心)

全国新华书店经销

重庆市联谊印务有限公司印刷

*

开本:787mm×1092mm 1/16 印张:9.25 字数:230千 插页:16开1页

2022年6月第1版 2022年6月第1次印刷

印数:1—2 000

ISBN 978-7-5689-3408-4 定价:49.00元

前　言

工业化和信息化是当今我国建筑领域的主要发展方向，而聚苯颗粒复合墙板的产品特点和施工特点均高度契合该方向的要求。然而产品的应用超前于理论和技术的发展，导致目前在实际工程中并未充分结合聚苯颗粒复合墙板的物理和力学特点发挥出优势，仍然存在产品质量不够优化、施工技术相对落后等情况。

基于此，笔者近年来针对聚苯颗粒复合墙板的芯材和面层材料特性、墙板受力性能、墙板连接方式和性能、墙板施工技术等领域开展了较为系统的研究和分析，形成了本书，以期为土木专业相关人士提供参考。

本书共分为6章。第1章为绪论，介绍了装配式建筑发展的研究背景，阐述了聚苯颗粒复合墙板的芯材和面层材料特性、墙板力学性能、墙板连接方式和性能等方面的发展和研究概况。第2章讨论了聚苯颗粒混凝土的材料特性，提供了量化评价颗粒分布均匀性的方法，并采用多种纤维对混凝土进行了优化。第3章研究了碱式硫酸镁面层材料的性能特点，讨论了掺和料和纤维增强的性能，并且用预应力网格布进行了面层材料增强性能研究。第4章开展了墙板抗弯和抗压性能试验研究，探索了各种参数对墙板的极限承载力和破坏模式的影响规律。第5章分别针对墙板与主体结构之间的钩头螺栓连接和U形卡连接、墙板之间的钢筋连接和网格布连接进行了试验研究，讨论了不同连接方式的受力特点和影响规律。第6章介绍了墙板施工过程中的基本规定、运输堆放和安装等技术要求。

本书由重庆科技学院孙毅负责确定各章节内容、制订全书大纲以及著写第1章、第2章和第4章，由卜长明负责著写第3章、第5章和第6章，黄肖颖负责统稿和修改。游俊杰、周娇、李晨希、徐活林、王磊、甘光范等研究生和本科生积极参与了本书研究相关试验工作，有些内容直接来自他们的学位论文。

在本书出版之际，特别要感谢重庆市勘察设计大师薛尚铃先生和徐革先生对作者研究工作的长期支持，感谢重庆泰的绿色新材有限公司董事长肖国庆先生对本书研究工作提供了充足的试验条件。

由于笔者水平限制，本书在论述过程中难免有疏漏和不当之处，恳请读者批评指正。

著　者

2022年5月

目 录

1 绪 论

自“十三五”以来，我国致力于推进装配式建筑，30 多个省区市政府提出了相关的指导意见，在土地、财政税、金融、计划等方面进行了具有显著效果的政策探索和革新。2016 年 9 月，《国务院办公厅关于大力发展装配式建筑的指导意见》（国办发〔2016〕71 号）重点提出，力争用 10 年左右的时间，使装配式建筑占新建建筑面积的比例达 30%。2017 年 8 月，住房和城乡建设部组织编制的《住房城乡建设科技创新“十三五”专项规划》中的重要任务包括：发展绿色施工方法，促进建筑业提高质量、提高效率；建立装配式建筑技术体系；促进装配式建筑结构的安全可靠性设计和评价技术进步；建立装配式建筑产品质量认证技术体系。

随着国家产业结构调整和建筑行业对绿色节能建筑理念的倡导，装配式建筑受到越来越多的关注。作为对建筑业生产方式的变革，装配式建筑既符合可持续发展理念，是建筑业转变发展方式的有效途径，也是当前我国社会经济发展的客观要求，成为建筑行业的下一个风口。当前，日本、美国、瑞典等国的建筑工业化率为 70% ~80%，而我国建筑工业化率仅为 5%。相比于发达国家，我国建筑业仍处在非常低的工业化水平。业内专家预测，未来 10 年中国装配式建筑的市场规模累计将达到 2.5 万亿元，市场发展空间巨大。

装配式聚苯（Expanded Polystyrene, EPS）颗粒复合墙板是继传统的砖砌体、砌块等以外的新型墙体形式，具有施工快速、人工搬运方便等优点。目前国内装配式墙板领域的工程应用超前于理论研究，虽然已经具备了较为广泛的应用，但对聚苯颗粒复合墙板的力学性能认知和施工方法工艺仍停留在传统的非受力轻质隔墙上。具体表现为：生产过程没有考虑基于力学性能的优化；其本身芯材的材料有不均匀性缺陷；使用时缺少设计过程等。

聚苯颗粒复合墙板自身具有许多优势，本应该得到长足的技术进步和工程应用，但因技术配套未跟上而导致推广受限，甚至引起工程界对其性能的误解，尤为可惜。

本书立足于聚苯颗粒复合墙板的基础材料性能和墙板破坏机理，以装配式墙体设计施工的需求为目标，探寻墙板芯材和面层材料性质，研究复合墙板作为构件的受力特性，以及墙板的连接方式及其力学性能等。通过本书的研究，可为聚苯颗粒复合墙板的工程应用夯实理论基础，以期推广聚苯颗粒复合墙板的装配式建造应用和发展。

1.1 聚苯颗粒复合墙板行业标准情况

聚苯颗粒复合墙板主要由面层和芯材组成。芯材为聚苯颗粒混凝土，自身不耐火，且硬度较低，无法独立成为墙体材料，在其表面用硬度较大的难燃隔热材料作为面层，如耐火镁质胶凝材料、纤维增强水泥材料等，就形成了三明治复合墙板。

美国的ASTM标准中对通用的三明治材料具有一系列的检测和实验方法规定，可以作为聚苯颗粒复合墙板的借鉴，如芯材的密度检测（ASTM C271）、吸水性能测试（ASTM C272）、抗剪性能试验（ASTM C273）、平面拉伸强度（ASTM C297）、边缘方向抗压强度（ASTM C364）、平面方向抗压强度（ASTM C365）等方法。而我国的行业标准相对缺乏，目前主要依据的只有《建筑用轻质隔墙条板》（GB/T 23451—2009）和《内隔墙—轻质条板（一）》（10J113-1）图集，其中的许多规定过于陈旧，不能反映当前装配式墙体的需求；许多规定和要求过于笼统，无法直接参考和操作。装配式建筑的发展对围护系统提出了新的要求，配合装配式建筑的围护体系也需要与装配式建筑技术相配套发展，才能真正体现装配式建筑的优势。

1.2 聚苯颗粒复合墙板芯材研究现状

1.2.1 聚苯颗粒混凝土特性

聚苯颗粒是石油工程的副产品，有密度小、价格低、保温性能好、吸水率低等特性，但具有不可降解的缺陷，将其用于建筑构件中，本身就具有了绿色环保的性质。聚苯颗粒在全世界范围内均为常见材料，作为骨料，替代混凝土中一定比例的原有砂石就形成了聚苯颗粒混凝土。此外，聚苯颗粒混凝土废料便于破碎后分类回收，得到的聚苯颗粒还可直接二次利用再次制作成新的聚苯颗粒混凝土，可方便实现可持续利用。

聚苯颗粒自身的密度较小，一般低于20 kg/m^3。由于聚苯颗粒掺入到混凝土中的量人为可控，因此可以根据预期的目标，得到不同密度的聚苯颗粒混凝土。聚苯颗粒自身几乎不具有任何强度，聚苯颗粒混凝土的强度主要由除去聚苯颗粒以外的其余材料和微结构形式所决定。显然，聚苯颗粒含量越多，聚苯颗粒混凝土的强度就应该越低，也就是说，聚苯颗粒混凝土的强度与密度成正比。

在聚苯颗粒混凝土材料密度相同的情况下，不同尺寸的聚苯颗粒会引起力学性能的变化，并且趋势是含有小尺寸颗粒的混凝土的力学性能大于大尺寸颗粒的混凝土。Miled的实验结果证实了颗粒尺寸对混凝土抗压强度的影响，并通过对不同颗粒尺寸阶段的聚苯混凝土进行力学性能研究，发现颗粒粒径减小的同时，抗压性能逐渐增强。Le Roy 也观察到相同的现象，并且提出了聚苯颗粒粒径会影响有效抗弯强度的猜想。Haghi 的研究同时还发现，较小的聚苯颗粒尺寸能提高与水泥浆替代的结合力，从而改善聚苯颗粒混凝土的均匀性。

1.2.2 掺和料、外加剂和纤维增强

1）粉煤灰

在混凝土应用中使用大掺量粉煤灰作为辅助胶凝材料，除了与环境有关的优点外，在经济性和耐久性方面非常受欢迎。Babu 将粉煤灰作为补充胶凝材料探讨其对聚苯颗粒混凝土性能的影响时发现，粉煤灰增强了聚苯颗粒混凝土的吸水率，同时使聚苯颗粒混凝土拥有更好的耐腐蚀性。Babu 发现粉煤灰改善了聚苯颗粒混凝土的水分迁移能力和吸水率。Babu 在聚苯颗粒混凝土中掺入总胶凝材料质量 50% 的粉煤灰并测试它的各项力学性能发现，聚苯颗粒混凝土的抗压强度会随龄期持续提高。Zhang 的研究发现，随着粉煤灰掺量的提升，聚苯颗粒混凝土的后期强度随之增强，并且干缩率随之下降。

2）硅灰

硅灰的超细性质能够填充水泥颗粒间的孔隙，还能与水泥水化产物进行二次水化形成凝胶体，可改善水泥基材料的力学性能。而 EPS 混凝土材料在控制低密度的同时，保证合理的力学性能同样是研究的重点。Babu 将硅粉作为辅助胶凝材料掺入 EPS 混凝土研究发现，硅粉的加入有利于 EPS 混凝土材料的和易性和强度发展速度。Chen 的研究观察到，硅灰提高了 EPS 混凝土的抗压强度。Chen 发现硅灰的掺量提升后，抗压强度和劈裂抗拉强度相应增强。Sadrmomtazi 的研究则发现，硅灰不但提升了 EPS 混凝土的力学性能，同时提高了材料的耐久性、降低了孔隙率。为了减少 EPS 颗粒在浆体的离析现象，Madandoust 研究了纳米级 SiO_2 对 EPS 混凝土的影响，发现能大大改善 EPS 的偏析和混合物黏度，为改善 EPS 混凝土性能提出了一个自密实化新思路。Fathi 则对比了微米 SiO_2 与纳米 SiO_2 对 EPS 混凝土材料性能的改善，实验结果观察到掺 10% 微米 SiO_2 或者 2% 的纳米 SiO_2 能最大限度地提升 EPS 混凝土的强度，降低吸水率，并且发现掺入硅灰后减小了界面过渡区，提升了水泥浆体的黏结能力，改良了 EPS 混凝土的破坏形式。热养护能加速细活性粉末的火山灰效应，Allahverdi 对掺入硅灰的 EPS 混凝土进行 100 ℃ 的热养护后进行微观分析发现，EPS 颗粒与浆体界面区域紧密，并未观察到过渡区，说明其黏结力优异。

3）发泡剂以及引气剂

化学类外加剂可以改善和调节混凝土的性能，其中引气剂和发泡剂可改善拌和物的流变性能和混凝土耐久性，浆体中增加的气孔在降低密度的同时能提升材料的导热性能。为了研究泡沫混凝土与 EPS 颗粒的结合情况，Laukaitis 通过研究 3 种不同类型的 EPS 与基体的相互作用发现，泡沫混凝土与 EPS 黏结性较好。Kligys 将不同引气剂用作改善 EPS 颗粒的亲水性能的研究则发现，其中最有效的是 Ufapore CC or TCO（引气剂），并且最佳含量不应超过 0.03%。为了制备超轻 EPS 混凝土，Chen 掺入了一种动物基蛋白发泡剂，观察到泡沫的加入改善了 EPS 混凝土的不均匀性、抗压强度、受力形式（应力-应变）以及导热性能，并且

发现泡沫含量为体积的10% ~15%时，各项性能最佳。Sayadi 在 3 种发泡混凝土中添加 4 种掺量的 EPS 颗粒后，观察到相似的趋势，建立了发泡量与密度、抗压强度以及导热系数的关系模型，并进一步发现，发泡后的 EPS 混凝土虽然更轻，但强度减弱却比密度减弱要慢。Zhang 的研究发现，随着引气剂掺量的提升，EPS 混凝土的稠度提高，吸水率、软化系数和导热系数皆降低，但是实验结果观察到引气剂的掺量并不影响抗压强度。

4）纤维增强

纤维对水泥基材料的力学性能具有较为显著的增强作用，水泥基材料常使用纤维来改善其各项性能。通过纤维增强补偿聚苯颗粒对混凝土的削弱效应，已成为研究的一大趋势。

由于想要增强 EPS 混凝土的力学性能，Chen 在混合物中掺入了钢纤维，观察到钢纤维显著提高了 EPS 混凝土的劈裂强度和抗收缩性能。Haghi 在 EPS 混凝土中掺入聚酰胺 66 纤维，发现聚酰胺 66 纤维的使用对减少裂纹有显著影响。Chen 尝试了不同的纤维组合后发现，纤维能提高抗压强度、劈裂、抗干燥收缩能力和 EPS 均匀性，并且纤维掺量越大，提升效果越好，其中 1% 的钢纤维和 PP 纤维的混合纤维组合效果最好。Chen 的研究得出，PP 纤维可以有效地改善 EPS 混凝土的偏析、劈裂抗拉强度以及抗收缩性能。Ghasaei 则通过在不同轻质墙板材料中添加不同的纤维，观察到似乎纤维增强了抗折强度，但却降低了密度和抗压强度，并提出了预测添加纤维墙板的抗弯性能模型。Koksal 的研究发现添加 PP 纤维有助于提升 EPS 混凝土的抗弯性能，Babavalian 的研究则观察到 EPS 低掺量水平下（5% 和 10%）与无 EPS 的纤维增强水平相似，并且通过端口形貌分析发现，20% 的 EPS 颗粒使 PP 纤维呈波浪形，如图 1.1 所示，提高了其裂纹桥联能力。

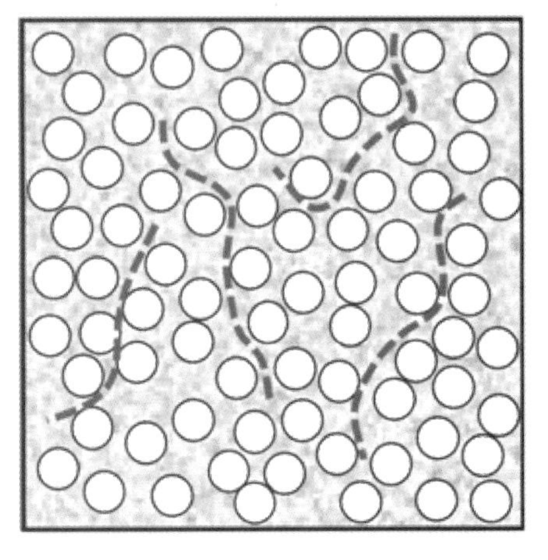

（a）波浪形端口形貌分析　　（b）体积含量纤维影响示意图

图 1.1　纤维增强机理

值得一提的是，只有当混凝土含有少量纤维时，抗压强度才会提高；当纤维含量增加时，纤维混凝土材料的抗压强度降低。而纤维掺量为 1% 似乎是一个提升的上限，这对于不同集料的轻质混凝土而言，峰值会有所影响，但趋势应该是一致的。

1.3 复合墙板面层材料研究现状

常用的复合墙板面层厚度通常为5～8 mm,有碱式硫酸镁板、硅酸钙板等材料,本书主要介绍碱式硫酸镁面层板。

1.3.1 碱式硫酸镁水泥材料简介

碱式硫酸镁水泥是一种新型建筑材料,它的原材料简单易得,主要有氧化镁、七水硫酸镁、水及有机酸。碱式硫酸镁水泥板主要通过将这些原材料按照一定的配合比依次倒入搅拌机器里,将搅拌均匀后的浆体倒入模具,刮平后养护成型。与硅酸钙板相比,由碱式硫酸镁水泥制成的面板材料制备简便,无须大型的仪器设备,更容易在实验室环境下制备出来。同时,碱式硫酸镁水泥是一种改性硫氧镁水泥,是一种性能优越的水泥。它质量小,力学性能好,对环境友好,对人体没有伤害,对钢筋没有腐蚀性等众多优秀的性能使其应用广泛。高子栋对面层材料的抗压性能作了研究,他指出复合墙板的体积变化情况与耐水性能离不开面层材料的材料密度,同时面层材料表面的光滑程度及厚度都会对复合墙板整板力学性能产生影响。可见面层材料对复合墙板的物理性能及力学性能至关重要。目前,在相关报道及研究中,就改性面层材料对复合墙板力学性能进行探讨的研究比较匮乏,这在一定程度上阻碍了整板性能的研究。在搬运、安装、使用等过程中,该类面板存在破坏的情况,力学性能指标对面板材料的实际工程应用至关重要。

1.3.2 基本性能

碱式硫酸镁水泥属于镁质胶凝材料,它是通过硫氧镁水泥内加入一定量的化学改性剂制备而成的。传统的硫氧镁水泥是通过在轻烧氧化镁粉中加入硫酸镁溶液形成水硬性胶凝产物。它的水化产物具有较强的胶凝作用,保护钢筋,抑制返卤泛霜等优点。碱式硫酸镁水泥具备硫氧镁水泥的优点,同时它克服了硫氧镁水泥水化产物不稳定的问题,力学性能明显优于硫氧镁水泥。

吴成友对碱式硫酸镁从力学性能、耐水性能、抗腐蚀性能、微观形貌、内部化学组成、孔隙结构等多个方面进行了探讨,发现碱式硫酸镁在养护前期的力学强度很高,凝结时间很短,属于早强快硬型材料,而且具有一定的抵抗腐蚀的能力。陈文海通过一系列的试验对碱式硫酸镁水泥的性能进行了探讨,发现碱式硫酸镁水泥在力学性能、抵抗变形的性能、耐腐蚀性能方面都明显比普通硅酸盐水泥的性能好。杨三强等对碱式硫酸镁水泥强度、弹性模量进行了探讨,发现与普通混凝土相比,低强度的碱式硫酸镁水泥具有良好的韧性,可应用于非承重结构。曾翔超等通过将碱式硫酸镁水泥制备成混凝土柱和梁,对其进行力学性能测试,发现用该材料制备而成的混凝土构件可以有效地提高材料的受力性能,对构件裂缝的形成有明显的抑制效果。王爱国探究了活性氧化镁的含量、各原材料的比例、化学外加剂的种类和掺量对碱式硫酸镁水泥微观结构和性能的影响,并在此基础上进一步优化其性能。

1.3.3 性能优化

碱式硫酸镁水泥的配合比研究,是进行性能优化的主要研究方式。李振国通过改变材料配合比,得出了掺入高效减水剂可以增大其稠度,降低流动度能,同时比较了萘系高效减水剂与聚羧酸高效减水剂的差别,发现前者较后者对碱式硫酸镁水泥的流动度能改善更明显。黄泓萍等探究了原材料的活性、掺量、制备方案、养护环境对碱式硫酸镁水泥基本性能的影响。陈文海等通过改变材料的种类及掺量,探究了材料的基本力学性能以及抵抗硫酸盐腐蚀的能力,提出外加剂掺量为水泥质量的0.5%时可以得到胶凝材料的最高抗压强度。但掺入粉煤灰的结果与掺入外加剂的情况相反,其力学性能随掺量增多而明显降低。同时,他指出抗硫酸盐腐蚀性能比普通硅酸盐水泥好。陈远基等研究了原材料中轻烧菱镁矿粉对受力情况、耐水性能的影响,发现轻烧菱镁矿粉的掺入会提高材料强度和软化系数,同时会减少胶凝材料的流动度,降低其凝结时间。罗轲嘉通过内掺粉煤灰的方式探究了对碱式硫酸镁抗压强度、水化放热速率、耐水性能等的影响,结果表明对碱式硫酸镁水泥的抗压强度产生不利影响,但会降低其水化放热速率,提高其软化系数。王琪通过稀硫酸替代硫酸镁,加上氧化镁粉与粉煤灰等物质制备了高性能的碱式硫酸镁水泥,降低了原材料成本,减少了硫酸镁在制备过程中需要加热溶解的工序,同时还探究原料配比及掺和料掺量对碱式硫酸镁水泥的工作性能、抗压强度、软化系数的影响,通过研究得出了原材料的最佳摩尔比及粉煤灰的最佳活化条件。

1.4 复合墙板力学性能研究现状

复合墙板作为非承重墙,在服役期间主要承受垂直于墙板平面的水平荷载,使其受弯和受剪;次要承受墙板自身重力荷载,使其受压。然而,墙板相对于主体结构而言始终是次要受力构件和体系,对其进行的力学性能研究数量和深度均远不如梁、楼板、柱、剪力墙等主要结构构件。

1.4.1 抗弯性能研究

对复合墙板的受弯性能研究,大多通过水平放置墙板,然后在跨中以竖向加载的形式进行,包括有多点集中力加载和均布加载等形式。高子栋等对一种复合夹芯墙板的力学性能进行了研究,对面板与芯材的剪切黏结强度、芯材与面板共同抗压强度、聚苯颗粒混凝土试块单独抗压强度进行了试验,表明复合夹芯墙板的抗压强度值大小主要影响因素为聚苯颗粒混凝土的承压力、面部板材的承压力以及面材与芯材界面的剪切黏结力。张兰英等对装配式外围护墙板进行了抗风能力分析,将风荷载等效于水平荷载,根据《建筑隔墙用轻质条板通用技术要求》(JG/T 169—2016)规定的抗弯承载力测试方法进行了等效测试。试验表明,复合类墙板的强度普遍偏低,抵抗水平荷载的能力比较差,不能应用在高层建筑和风比较大的地区。如果在高层建筑中和风比较大的地区使用这种复合类墙板,必须提高其抗压强度,采用较厚的墙板,确保其在实际使用时的安全。夏光辉对一种新型夹芯保温复合墙板进行了抗弯性能试验,绘制出夹芯板的极限抗弯强度以及挠度曲线,并利用 ANSYS 模拟了墙板在轴向荷载作用下的力学性能,为实际工程中的墙板提供了依据。

1.4.2 抗压性能研究

复合墙板的抗压性能研究可以区分为垂直面板的抗压性能和平行面板的受力,分别称为平面方向(flatwise)和边缘方向(edgewise),在美国 ASTM 规范体系中,分别有三明治材料的平面方向的抗压强度(ASTM C365)和边缘方向的抗压强度(ASTM C364)标准试验方法。在聚苯颗粒复合墙板中,芯材的强度和刚度相比于面层材料都较低,在此特定情况下平面方向的抗压强度主要反映了芯材自身材料强度,而边缘方向的抗压强度则综合反映了面层强度、芯材强度、截面黏结强度等总体性能,符合墙板在实际使用中的受力性能。然而 ASTM C364 规范是面向通用三明治材料的,并非专用于建筑用墙板,其实验方法不能直接照搬,必须针对聚苯颗粒复合墙板实际情况进行必要的调整。

1.5 复合墙板连接研究现状

1.5.1 复合墙板与主体结构的连接

为了使复合墙板的现场安装施工足够快捷便利,墙板与主体结构的连接一般不宜过于烦琐,目前主要的连接方式有钩头螺栓连接、U 形卡连接、插入钢筋连接等方式。

钩头螺栓连接是将钩头螺栓的长直部分贯穿整个墙体,其端部用螺母固定在墙板一侧,钩头部分与一角钢的一肢焊接,角钢的另一肢与主体结构连接。该连接方式不仅可以适应墙板较大的转动变形,还能避免产生较大的应力集中,如图 1.2 所示。

U 形卡连接是先定做好同墙板厚度的 U 形卡件,使 U 形卡底部与主体结构连接,安装时将墙板卡进 U 形卡,限制墙板的面外位移。该连接方式施工方便,成本低,是目前工程中应用较为广泛的一种方式,如图 1.3 所示。

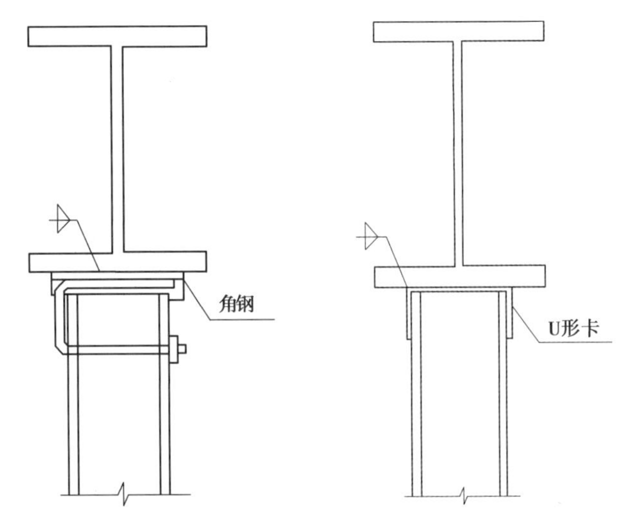

图 1.2　钩头螺栓连接　　　　图 1.3　U 形卡连接

插入钢筋连接是在主体结构中焊接或植入半截钢筋,钢筋的另外一半露出,并最终插入聚苯颗粒复合墙板的芯材中。该连接方式施工快速,构造简单,应用较为广泛,但钢筋与聚苯颗粒混凝土之间的黏结锚固能力较弱,缺乏足够的研究以确定可靠的黏结参数。

1.5.2　复合墙板之间的连接

根据《建筑轻质条板隔墙技术规程》(TGJ/T 157—2014)的规定,条板隔墙的板与板之间的连接可采用榫接、平接、双凹凸槽对接方式。墙板之间采用黏结剂加植筋胶的形式进行连接,使得结构具有更好的整体性和正常使用功能。此外,大量的学者通试验提出了多种连接方式,为墙板的连接方式提供了诸多参考。

刘兆明通过试验发明了一种轻质隔墙板的连接结构,如图 1.4 所示。这种墙板接头的凹面槽与凸面槽插接时,在中间形成了椭圆形的空间,空间可以加入接缝特制砂浆(图1.4中4 处),使其具有比较理想的力学性能,且在两墙板间接缝处产生的来自各个方向的应力均由椭圆形空间的接缝特制砂浆承受,可以非常有效地防止裂缝的产生。图 1.4 中 1 为面板,2 为芯材,3 为通孔。

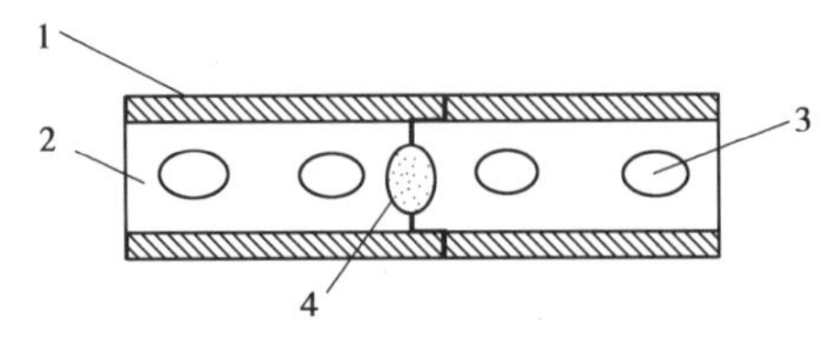

图 1.4　一种墙体的连接方式及构造

罗晓生等发明了一种轻质墙板连接形式,不但可以提高板缝的力学性能,加强墙板的整体受力性能和稳定性能,还能使得墙面美观,漂亮耐看。其墙板连接结构如图 1.5 所示。在安装连接该类墙板(图 1.4 中 1 处)时,接头与接头之间预留有一些空间用以填充黏结砂浆和玻纤网格布(图 1.5 中 4 处),在墙板两侧表面刮有灰浆饰面等装饰材料(图 1.5 中 12 处)。这种连接方式可以有效地包裹住接缝位置的预留空间,可以有效防止渗水、应力集中或者其他不良现象。

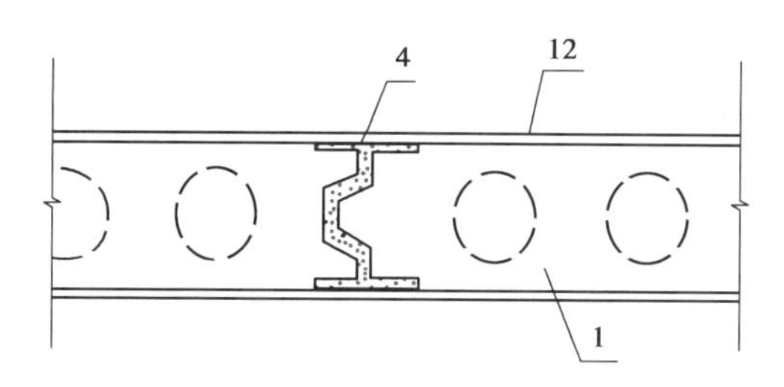

图 1.5　另一种墙体的连接方式及构造

以上几种方式都是目前在安装墙板过程中常用的连接方式，这几种连接方式的最大特点就是不需要连接件，都是通过水泥砂浆或者其他胶结材料连接起来。钢筋连接方式较为简单，便于施工，结构形式简单，但受力形式比较单一，容易发生断开破坏，不利于安全性和正常使用。而图 1.4、图 1.5 所示的结构比较复杂，受力形式考虑非常周到，接缝处整体性和安全性正常使用的能力都非常理想，但是施工比较复杂，工序繁多。

1.6 本书主要内容

本书以聚苯颗粒复合墙板为研究对象，从墙板的核心材料性能、面层材料性能、墙板受力性能、墙板连接性能、墙板施工工艺等方面进行了系统研究和讨论，主要包含以下内容：

1）聚苯颗粒混凝土性能研究

分析了硅灰、水灰比、减水剂以及增稠剂对基质材料的影响，确定改性芯材水泥砂浆的优化配比；通过对 EPS 混凝土复合墙板进行 EPS 颗粒均匀性量化研究，提出了基于图像识别的均匀性量化方法；讨论了不同 EPS 体积分数与 HPMC 掺量的配合比设计，对 EPS 混凝土沿垂直方向的均匀性特性进行了均匀性量化分析，确定了改性 EPS 混凝土芯材材料均匀性优化配比。通过纤维增强方法，提出改性芯材力学性能最优化设计建议，并对其进行验证，优化复合墙板芯材材料与力学性能。

2）碱式硫酸镁面层材料性能研究

研究了活性炭粉、石墨粉、碳纤维等对碱式硫酸镁流动度、抗压强度、耐水性等性能和材料表征、微观结构的影响规律，获得了优化材料配比；进行了玻璃纤维网格布对面层材料的改性处理，讨论了不同的网格布预张力对面层材料抗拉承载力和延性的影响。

3）聚苯颗粒复合墙板力学性能研究

开展了墙板抗弯试验研究，讨论了墙板厚度、养护龄期、内部加肋情况、环境温湿循环情况对墙板抗弯性能的影响规律。开展了墙板边缘方向受压性能研究，讨论了不同的试件高宽比对墙板抗压强度的影响。

4）墙板连接性能研究

针对墙板与主体结构的连接，开展了钩头螺栓连接性能研究，讨论了墙板厚度、螺栓直径和板边距离等因素的影响;开展了 U 形卡连接性能研究,讨论了墙板厚度、U 形卡尺寸对连接性能的影响。针对墙板之间的连接,开展了钢筋连接性能研究,讨论了钢筋直径、锚固尺寸等因素对黏结锚固性能的影响;开展了网格布连接性能研究,讨论了网格布规格、抹灰连接尺寸等参数对连接性能的影响。

5)墙板施工技术研究

根据聚苯颗粒复合墙板的特点,提出了施工技术要求,从墙板施工的基本规定、现场储运、墙板安装、注意事项等方面提出了施工技术要求。

2 聚苯颗粒混凝土性能研究

本章针对 EPS 复合墙板芯材材料缺陷优化方法的不明晰与均匀性评价标准的欠缺，面向装配式建筑围护体系在实际应用推广中的理论支撑和配套技术的急需，以硅灰、HPMC 增稠剂为改性外加物，进行芯材水泥砂浆基础配比改性研究和性能调控分析；在此基础上探讨 EPS 颗粒掺量与增稠剂改性影响，结合 EPS 均匀性分析方法，提出适用于均匀性量化理论与模型，进行芯材均匀性能优化设计；通过芯材纤维改性正交设计与分析，提出高性能 EPS 混凝土芯材力学性能优化方法，制备基质性能、整体均匀性以及整体力学性能优异的 EPS 混凝土芯材材料，为装配式建筑围护体系的节能降耗提供基础材料；所提出的基于量化均匀性指标的芯材均匀性评价标准与力学性能优化方法，为 EPS 混凝土复合墙板在装配式建筑围护体系应用中的准确性、适用性、优越性和质量保障等分析提供必要的理论参考和分析工具，促进装配式建筑应用水平的提高。

2.1 水泥砂浆基质研究

为了解决 EPS 混凝土复合墙板芯材材料存在的问题，将通过探讨其水泥净浆的配合比不同组合和掺量，来改善掺入 EPS 颗粒后的离析现象与力学性能，主要有 3 种途径：一是提高水泥基质的稠度与强度；二是改善 EPS 颗粒与水泥基质的相容性；三是增强 EPS 颗粒与水泥基质间的界面过渡区。本章主要讨论适用于 EPS 混凝土的水泥基质改性方法。以普通硅酸盐水泥为主要胶凝材料，以硅灰和羟丙基甲基纤维素醚（HPMC）为改性材料，通过两种聚羧酸系减水剂作用下水灰比的设计，确定改性芯材水泥砂浆的基础配比。

2.1.1 试验原材料及配合比设计

1）试验原材料

（1）普通硅酸盐水泥

改性芯材材料所用的胶凝材料主要为 P. O 42.5 级的普通硅酸盐水泥（Ordinary Portland Cement，OPC），硅酸盐水泥熟料矿物的主要成分包括 C_3S 与 C_2S，其中 C_3S 是水泥熟料中含量最多的组分。本书所采用的水泥相关性能参数见表 2.1,符合《通用硅酸盐水泥》(GB 175—2007)中 P.O 42.5 级与 ASTM C150-20 中 Type Ⅰ等级。

表 2.1　水泥的性能指标

SO_3	MgO	Cl^-	矿渣	石膏	烧失量	比表面积	3 d 抗压强度	3 d 抗折强度
2.20%	3%	0.04%	12%	6%	4%	358 m^2/kg	27.2 MPa	5.5 MPa

(2)硅灰

辅助性胶凝材料已成为混凝土中必不可少的组分,而硅灰(Silica fume,SF)就是其中具有火山灰活性的一种。硅灰也称为微硅粉,本书所采用的硅灰粒径为 0.1 ~0.3μm;其 pH 值平均值为中性,化学成分见表 2.2。

表 2.2　硅灰化学成分

成分	SiO_2	Al_2O_3	Fe_2O_3	MgO	CaO	Na_2O
w/%	96.74	0.32	0.008	0.1	0.11	0.09

(3)河砂

河砂在 EPS 混凝土中起到骨架与填充的作用,按照《建设用砂》(GB/T 14684—2022)所规定的筛分方法与含水率测量方法对其进行测试,典型筛分分析见表 2.3。河砂细度模数为 1.73,含水率为 9.61%,堆积密度为 1 664 kg/m^3,属于天然砂级配 3 区,级配类别为Ⅱ。

表 2.3　河砂筛分分析表

筛孔/mm	9.5	4.75	2.36	1.18	0.6	0.3	0.15	<0.15
砂筛质量/g	691	705	681.2	572	561.2	554	555	464.8
记录质量/g	691	705.2	688.4	625.8	643.2	673	684.4	572
砂筛余量/g	0	0.2	7.2	53.8	82	119	129.4	107.2
分计筛余百分比/%	0	0.04	1.44	10.79	16.44	23.86	25.94	21.49
累计筛余百分比/%	0	0	1	12	29	53	79	100
通过百分比	100	100	99	88	71	47	21	0
细度模数	1.73							

(4)减水剂

减水剂一般为低分子量的聚合电解质,它在 CH^- 中具有多个极性官能团,对水泥颗粒有很强的亲和力,使其吸附在水泥颗粒表面,亲水基团在水中扩散,降低水的表面张力,提高水泥颗粒的分散性。聚羧酸系减水剂就是属于高效减水剂中具有代表性的一种。

本书采用聚羧酸高效液态减水剂(S04B 型),外观为透明稠状液体。

(5)增稠剂

本书采用羟丙基甲基纤维素(Hydroxypropyl Methyl Cellulose,HPMC),性状为白色粉末,黏度为 200 000,其材料性能见表 2.4。

表 2.4 HPMC 材料性能

水分	灰分	CH_3O—	凝胶温度	—HPC	透光率	pH 值
4%	5%	27%	65 ℃	12%	93%	6.5

2)配合比设计

硅灰作为辅助胶凝材料的掺入不但有利于 EPS 混凝土强度的提升,还能降低 EPS 颗粒与水泥基质的离析效应,并且改良了 EPS 颗粒与水泥基质界面过渡区,提升水泥浆体的黏结能力,改良了 EPS 混凝土的破坏形式。而 Lee、Dixit 以及 Allahverdi 等的研究,在添加硅灰的 EPS 混凝土的配合比设计中,水泥与硅灰的比例均设置为 1∶0.25,本书相关配合比设计与其一致。

砂灰比的选取会影响浆体的黏稠程度。Dixit 与 Lee 使用的砂灰比为 1.1,Miled 和 Chen 的研究则为 0.8。本书采用的河砂细度模数为 1.73,为避免相同掺量下细砂的表比面积更大导致浆体过于黏稠,选用 0.8 的砂灰比。

增稠剂对 EPS 混凝土离析的改善的研究已经观察到的 HPMC 的掺量在胶凝材料的质量的 0.1% 时为最佳,本书选用 0 与 0.1% 为增稠剂的变量。关于水灰比,相关研究使用的水灰比都在 0.3 以下,因前期研究的试配结果是 0.65 较为适合,故设计了不同水灰比和不同外加剂种类的配合比,以排除减水剂影响确定最佳配合比。

详细配合比设计见表 2.5。

表 2.5 水泥砂浆配合比设计

编号	水泥 /($kg \cdot m^{-3}$)	水 /($kg \cdot m^{-3}$)	硅灰 /($kg \cdot m^{-3}$)	河砂 /($kg \cdot m^{-3}$)	减水剂 /($kg \cdot m^{-3}$)	增稠剂 /($kg \cdot m^{-3}$)
R04	871.02	522.61	0	696.82	0	0
R05	895.04	358.01	223.76	716.03	7.16	0
R06	895.04	358.01	223.76	716.03	7.16	1.12
R07	848.18	254.45	212.04	678.54	6.79	1.06

2.1.2 实验方案

1)试件制备与养护

拌和方法参照《水泥胶砂强度检验方法(ISO 法)》(GB/T 17671—2021),装入模具并表面覆膜后,24 h 后脱模。脱模后的试件放入 20℃,湿度 95% 的恒温恒湿养护箱进行养护。养护至 28 d 后,将其放入(105 ±5)℃的鼓风干燥箱中,烘至恒重待用。

2)试验方法

(1)干密度

水泥砂浆的干密度测试参考《混凝土物理力学性能试验方法标准》(GB/T 50081—

2019)进行,试件尺寸为 100 mm × 100 mm × 100 mm。将试件放置于 105 ℃的恒温干燥箱中,烘干至恒重称取质量,按式(2.1)计算试件干密度,每组测试 3 个试件,取计算结果平均值。

$$\rho = \frac{m}{V} \times 10^6 \tag{2.1}$$

式中 ρ—干密度,kg/m^3;

m——试件烘干质量,g;

V——试件体积,mm^3。

(2)抗折强度及抗压强度

水泥砂浆抗折强度参考《水泥胶砂强度检验方法(IOS 法)》(GB/T 17671—2021)进行,试件尺寸为 40 mm ×40 mm × 160 mm;抗压强度测试参考《建筑砂浆基本性能试验方法标准》(JGJ/T 70—2009)进行,试件尺寸为 70.7 mm ×70.7 mm ×70.7 mm。采用 WDW-3000H 微机控制电子万能试验机进行测试,按式(2.2)和式(2.3)分别计算试件抗折强度与抗压强度,每组测试 3 个试件,取计算结果平均值。

$$f_c = \frac{F}{A} \tag{2.2}$$

式中 f_c——试件抗压强度,MPa;

F——试件破坏荷载,N;

A——试件受压面积,mm^2。

$$f_f = \frac{1.5F_f \cdot L}{b^3} \tag{2.3}$$

式中 f_f——抗折强度,MPa;

F_f——破坏荷载,N;

L——支撑圆柱间的距离,本书为 100 mm;

b——棱柱体正方形截面边长,mm。

(3)SEM 微观形貌观察

采用 KYKY-EM6200 型扫描电子显微镜(Scanning Electron Microscope,SEM)观测不同配合比下的水泥砂浆材料的微观形貌,来进一步验证结论的合理性,以及从微观的角度探讨改性方向的一般规律与现象。为了减少采样后的样品继续水化对微观形貌造成影响,样品采集后放入无水乙醇溶液中浸泡 24 h,之后更换新的无水乙醇溶液再继续浸泡 6 h 以充分替换样品中的自由水,将样品置于真空干燥箱中处理成绝干状态。观测时将样品拿出取样,并真空喷金,放入 SEM 的样品室抽至真空后进行扫描观测,如图 2.1 所示。

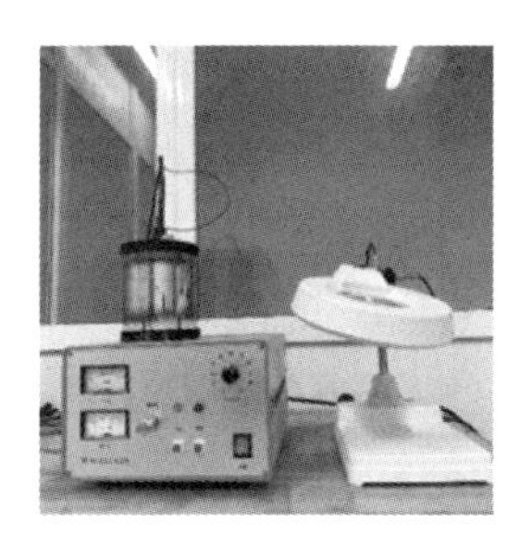
(a)试件真空喷金

(b)喷金后待测试件

(c)KYKY-EM6200 型扫描电子显微镜

图 2.1　SEM 测试流程

2.1.3　结果分析

对标准养护 28 d 后的试件烘干至恒重后进行各项性能测试,所得到的水泥砂浆各配合比的材料及力学性能见表 2.6。

表 2.6　水泥砂浆材料及力学性能

编号	干密度/(kg·m^{-3})	抗折强度/MPa	立方体抗压/MPa
R04	1 693.58	7.84	68.35
R05	1 909.99	12.81	115.39
R06	1 719.53	8.34	70.74
R07	1 793.36	10.09	72.66

1)水灰比的影响

在水灰比减小的同时,干密度与力学性能产生增长。例如,R07 相对于 R06 水灰比从 0.4降至 0.3;干密度从 1 719.53 kg/m^{3}提升至 1 793.36 kg/m^3;抗折强度从 8.34 MPa 提高到 10.09 MPa,提升了 21%;抗压强度从 70.74 MPa 增长至 72.66 MPa,提升了 2.71%。

对 R06 与 R07 进行微观分析,其微观形貌对比如图 2.2 所示。试件 R06 与 R07 试件的水灰比分别为 0.4 和 0.3,其他组分比例一致,硅灰掺量都为 0.25,增稠剂掺量都为 0.1%。水灰比更低的 R07 样品浆体气孔明显更多,但孔径相对而言较少,这是水灰比减小导致浆体稠度增加,搅拌过程中引入气孔不易上浮排除,并不易聚集成为大气孔。水灰比的减少使得浆体中游离水减少,并且提升了水化产物的晶体与凝胶体的生成,从而水泥基材料强度增加。

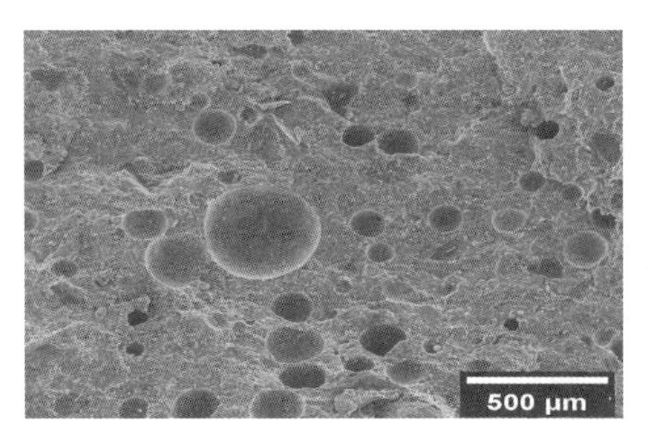

(a)R06-50X

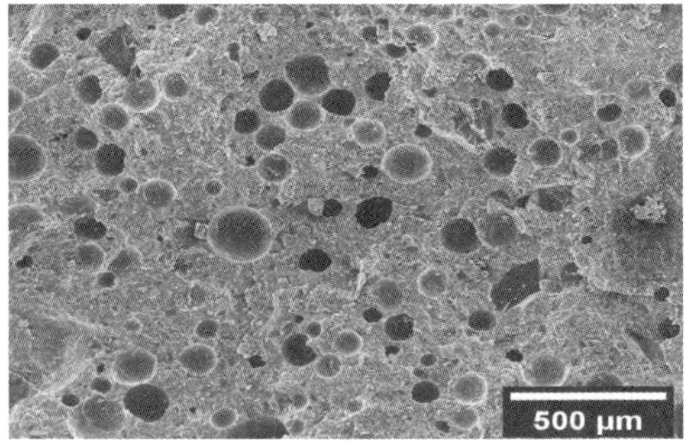

(b)R07-50X

图 2.2 R06 与 R07 微观形貌对比

2)增稠剂的影响

增稠剂的加入,使得在制备的过程中观察到混凝土浆体明显更为黏稠。从所测得的物理性能来看,增稠剂的掺入会使其密度降低,并削弱其力学性能。如将未掺入增稠剂的 R05 与掺入增稠剂的 R06 相比,干密度从 1 909.99 kg/m^3 降至 1 719.53 kg/m^3,降低了 10%;抗折强度从 12.81 MPa 降低至 8.34 MPa,抗压强度从 115.39 MPa 降至 70.74 MPa,分别降低了 35% 与 39%。

对 R05 与 R06 试件分别进行微观分析,如图 2.3 所示。试件 R05 与 R06 增稠剂掺量分别为 0 和 0.1%,其他组分比例一致,水灰比都为 0.4,硅灰掺量都为 0.24。添加增稠剂的 R06 气孔略微增多,这是掺入增稠剂后,浆体稠度明显增大,导致引入的气泡消除难度增大。孔隙率的增大,导致其密度与力学性能更低。

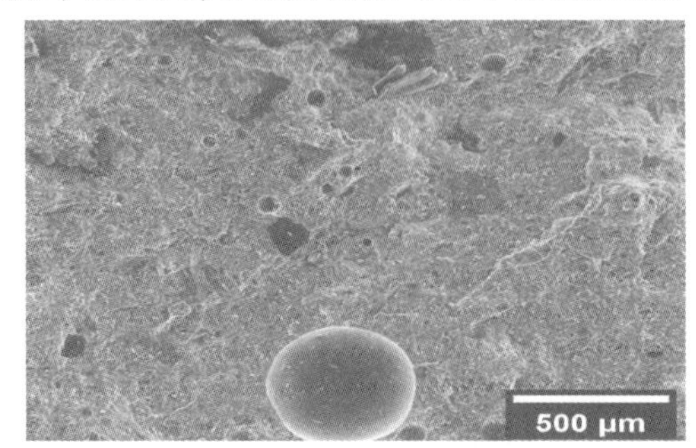

(a)R05-50X

(b)R06-50X

图 2.3 R05 与 R06 微观形貌对比

2.2 聚苯颗粒混凝土均匀性研究

为了探讨芯材不均匀性的影响,通过对 EPS 混凝土芯材复合墙板整板进行均匀切割采样,对分布在整板各个位置的芯材材料进行密度测试、抗压强度测试以及剖切面图像采集分析,得到复合墙板在整体层面上密度、强度、EPS 颗粒的分布情况,讨论芯材不均匀现象对复合墙板整体材料与力学性能的影响，并提出基于图像识别技术的芯材不均匀性量化方法；根据所讨论的复合芯材不均匀特性，通过以芯材改性水泥砂浆基础配比，采用不同的增稠剂掺量为改性外加剂，对不同 EPS 体积分数的芯材材料的 EPS 颗粒、密度、超声波速分布进行不均匀性量化分析，提出基于芯材均匀性的优化改性方法。

2.2.1　复合墙板均匀性特征

聚苯颗粒混凝土是复合墙板的核心材料，EPS 颗粒在墙板中的分布不均匀。然而，由于缺乏一种直接定量评估非均匀分布的方法，改善 EPS 混凝土的均匀性的尝试一直都难以进行。本节基于图像识别技术在墙板剖切面的应用，提出了一种定量评价 EPS 颗粒数量和分布的新方法。为了验证这种方法，将 3 块 EPS 复合墙板切割成 345 个试件。对每个试件的 4 个切割面进行了拍照和识别，并对试件的一些性能分布（包括 EPS 颗粒的数量、面积比、等效直径、孔隙面积比、混凝土的密度和抗压强度等）进行了测试与分析。

1）试件制备

本书使用的 EPS 颗粒复合墙板规格为 2 440 mm × 610 mm × 100 mm，构件截取的板件检验满足《建筑隔墙用轻质条板通用技术要求》（JG/T 169—2016）相关技术要求。

考虑试件需要反映整块墙板中不同位置的局部材料性能和 EPS 颗粒分布情况，需要对整块墙板进行区域划分。如图 2.4 所示，沿墙板纵向划定 23 列，横向划定 5 行，一张 610 mm × 2 440 mm 的商业聚苯乙烯颗粒复合墙板可获得 115 块连续编号试件，共有 3 块相同批次规格的复合墙板，其切割平面的尺寸为 100 mm × 100 mm。

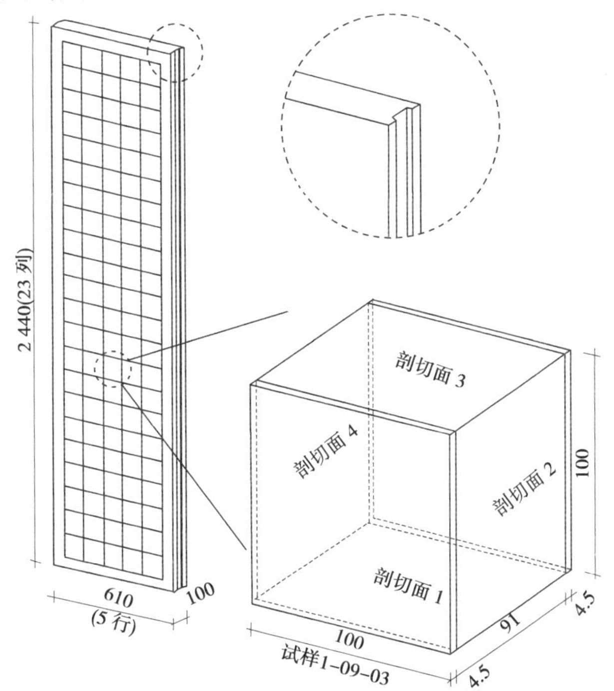

图 2.4　商用 EPS 颗粒复合墙板与试件示意图

2)试验方法

(1)芯材密度

将试件表面因未洒水切割导致的废渣及浮灰清理干净,用精度为0.01 mm的数显游标卡尺测量每个试件12边的实际长度和纤维水泥面板的厚度,然后测试所有立方体和面板在自然室内环境中的质量。从总面板的厚度和质量中减去面板的厚度和质量,即可得到EPS混凝土的密度,如式(2.4)—式(2.8)所示。

$$A_1 = \frac{(l_1 + l_3) \times (l_2 + l_4)}{4} \tag{2.4}$$

$$A_2 = \frac{(l_5 + l_6) \times (l_7 + l_8)}{4} \tag{2.5}$$

$$h = \frac{l_9 + l_{10} + l_{11} + l_{12}}{4} \tag{2.6}$$

$$A_{\min} = \min(A_1, A_2) \tag{2.7}$$

$$\rho_e = \frac{M}{A_{\min} \times H} \times 10^6 \tag{2.8}$$

式中 A_1——上表面平均面积,mm^2;

A_2——下表面平均面积,mm^2;

H——平均厚度,mm;

l_1—l_{12}——试件所有边长,mm;

M——试件质量,g;

ρ_e——密度,kg/m^3。

(2)抗压强度

①高精度数据采集系统搭建。EPS颗粒复合墙板芯材是一种多孔的复合材料,与普通水泥基材料的受力响应行为有很大的不同,多孔材料受压时的应力-应变曲线并不是典型的脆性破坏模式,而是与延性破坏模式较为相似。而EPS颗粒的存在,拥有良好的能量吸收特性,从而导致抗压试验过程中的应力-应变曲线出现振荡行为,需要更为精确的力学信号和位移信号的数据采集系统来进行力学性能试验,才能保证每一个受力响应阶段的精确性。

图2.5　高精度数据采集

通过在 WDW-1000H 万能试验机上加装精度更高的力传感器(LSR-2 型)和基于线性可变差动变压器的位移传感器(LVDT),进行力信号和位移信号的优化,并由动态高速数据采集系统(DH8303)进行信号的采集与分析,实现复合材料力学实验力信号和位移信号高精度、高频率采集的要求,如图 2.5 所示。

②加载方案。在《混凝土物理力学性能试验方法标准》(GB/T 50081—2019)中规定加荷速度最小取 0.3 MPa/s,但通过实际测试发现对 EPS 颗粒混凝土材料这类复合、强度低以及高吸能性的多孔材料的抗压试验加载速度过大,导致加载过程冲击效应过大以及试件破坏过快,未能测试出其真正的抵抗强度。参考 ASTM C365 此类多孔夹层材料的试验方法,其中建议加载位移速度为 5 mm/min,测试时间为 3 ~6 min,本次实验的目标位移为 55 mm,制订了两种加载方案:第一种,直接使用 5 mm/min 位移加载至位移 55 mm;第二种,先以 5 mm/min位移加载至位移 25 mm,达到压实阶段后,再以 30 mm/min 位移速度至 55 mm。

测试结果如图 2.6 所示,两种加载方案的加载效果较为一致,但第一种耗时 11 min,第二种分阶段加载耗时 6 min 左右,故选用第二种加载方案。

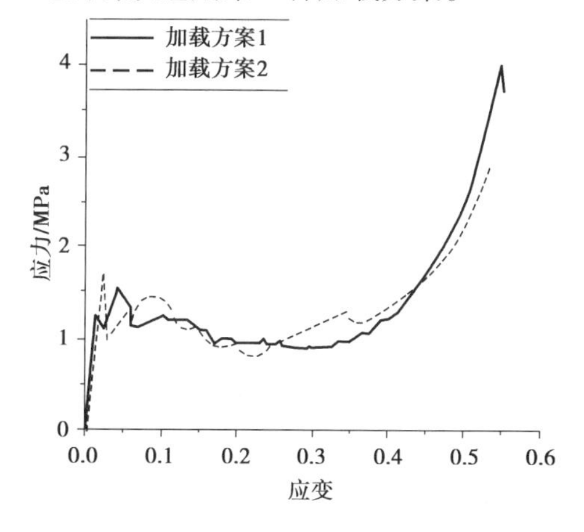

图 2.6　加载方案对比情况

(3)EPS 颗粒空间信息

①图像采集。清理静物台,擦拭静物台表面,保持洁净,保证拍摄画面整洁;样品放置在静物台中央,并保证样品边缘与静物台边缘重合并对齐;钢尺固定在静物台边缘下方,在不遮挡样品的情况下使钢尺与样品边缘平行,并标记好样品摆放位置;相机放置在正对样品切面约 50 cm 处,保证镜头与样品在同一水平高度,以及镜头与样品切面保持平行,固定相机及三脚架位置;将 4 台柔光摄影灯分别放置于样品上、下、左、右 4 个方位,调节各摄影灯照射角度和光照距离,保证相机采集图像中样品切面的光度适宜且一致,并消除单一光源对表面孔隙和 EPS 颗粒的拍摄影响,固定各柔光摄影灯位置;对待测试件表面进行清理和擦拭,保证混凝土与 EPS 颗粒对比度更强;将待测试块的切面正对镜头,放置在拍摄位置进行拍摄,并分别对 4 个面(切面编号空间位置如图 2.4 所示)进行拍摄,如图 2.7 所示。

图 2.7　图像采集

②图像分析。对已经获取的 EPS 混凝土切面图像,需要处理成各项空间参数进行统一分析。采用基于自动阈值算法的图像分析方法进行对颗粒分布的图像信息转化为各项参数,如占比情况、颗粒数量等。分析过程如图 2.8 所示,具体方法如下:

a. 将已采集好的图像中 EPS 颗粒混凝土切面以外的干扰信息进行处理,把 2 992 px × 2 000 px 的原始图片裁剪成 1 400 px ×1 275 px 的纯切面图像,防止无关信息的干扰。

b. 把裁剪好的图片进行二进制转化,从 RGB 转换为 8 bit,便于二值化处理。

c. 将 8 bit 图像进行灰度处理,使用 Triangle algorithm(三角形算法)对其自动阈值分割,完成对图片二值化处理,使 EPS 颗粒与混凝土背景对比更强烈,使考虑分析更精确和高效。

d. 对二值化后的图像进行孔洞填充,消除二值化过程中不可避免的噪点,减少分析误差。

e. 通过使用图形分析软件中的颗粒分析算法,计算图像中颗粒的占比、数量以及位置等信息,实现对切面中 EPS 颗粒的空间特征的提取。

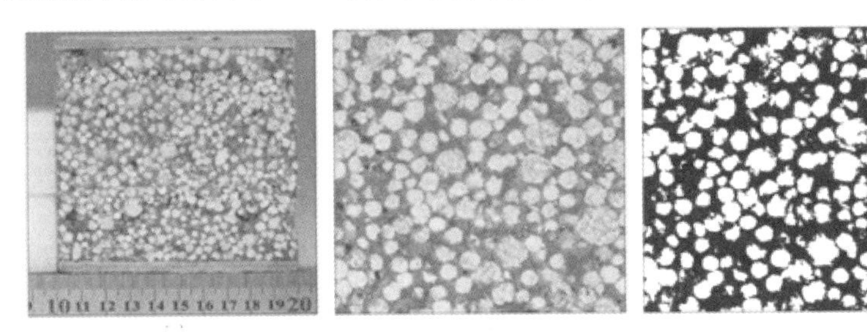

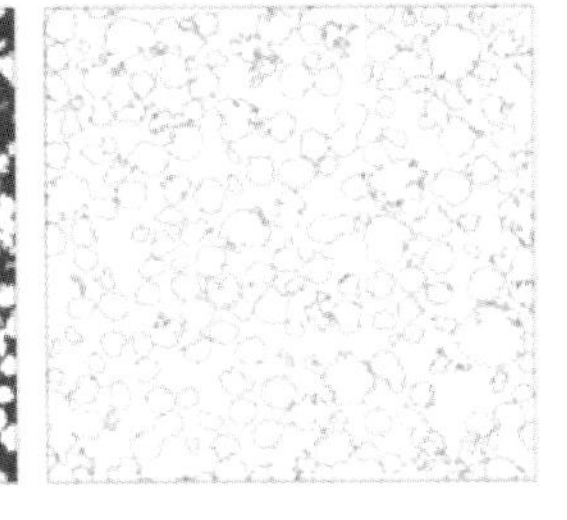

(a)原始照片　(b)裁剪　(c)二值化　(d)EPS 颗粒的轮廓

图 2.8　图像分析流程

3) EPS 颗粒均匀性分析

由于试块是通过整体分割取样并对局部材料性能划分,因此要想对墙板的整体不均匀趋势进行分析,需将 3 块墙板 115 个试块的 EPS 颗粒空间特征参数按编号和原坐标排列,把采集到局部切面上的 EPS 颗粒空间特征进行三维整合,以求分析 EPS 颗粒分布不均匀性。

(1)颗粒面积比分布情况

通过对每一块试块剖切面上的 EPS 颗粒面积比例的计算，得到 3 块墙板 4 个剖切面上的 EPS 颗粒占比分布情况，如图 2.9 所示。

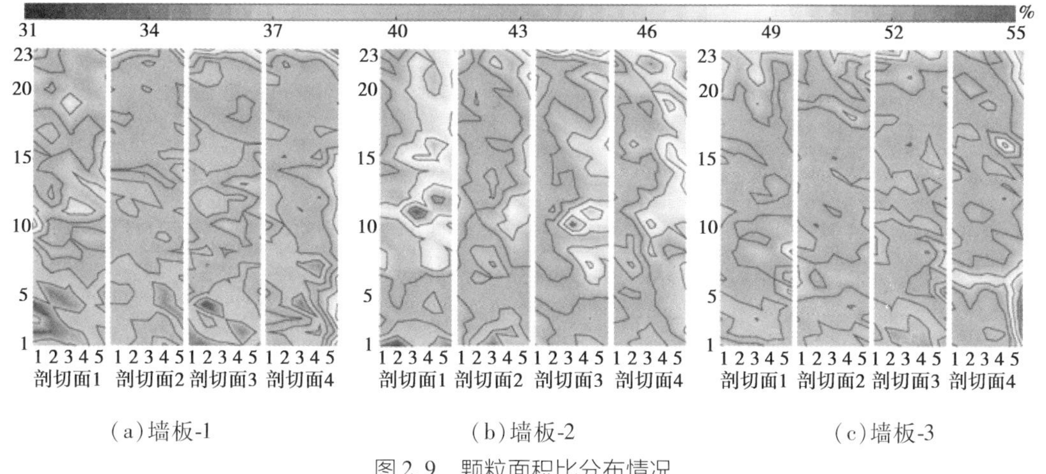

(a)墙板-1　(b)墙板-2　(c)墙板-3

图 2.9　颗粒面积比分布情况

墙板-1 的 4 个剖切面的 EPS 颗粒占比分布情况基本一致，都是底部偏小、顶部偏大，其中剖切面 2 中部个别区域与其余 3 面有所差异，且其特征点区域较小，剖切面 4 的底部靠右区域较大；墙板-2 的各个剖切面 EPS 颗粒占比分布趋势较为一致，尤其是剖切面 1、3、4 的右侧特征区域高度一致，并且大致趋势都为底部偏小、顶部偏大；墙板-3 四个剖切面的 EPS 颗粒占比分布趋势也较为一致，都为底部偏小、顶部偏大，尤其是中部靠左的较小特征区域高度相似，除了剖切面 4 右下角区域偏大，具有差异性。

根据每一个试块剖切面上的 EPS 颗粒分布情况分析可知，试块的 4 个剖切面的 EPS 颗粒面积比例分布情况较为一致，证明试验方法的可靠性。同时，试块各剖切面分析结果的一致性，初步证明 4 个平面反映三维分布情况的可行性。剖切面分布趋势皆为底部偏小、顶部偏大，揭示了在墙板中 EPS 颗粒占比分布不均匀性的宏观现象。

(2)颗粒数量分布情况

通过对每一块试块剖切面上的 EPS 颗粒数量的计算，得到 3 块墙板 4 个剖切面上的 EPS 颗粒数量分布情况，如图 2.10 所示，墙板-1 的 4 个剖切面的 EPS 颗粒数量分布情况基本一致，都是顶部偏小，其中各剖切面中部部分特征点区域较小，面 4 的底部靠右区域较小；墙板-2的各个剖切面 EPS 颗粒数量分布趋势较为一致，尤其是各剖切面的中部和顶部特征区域高度一致，并且大致趋势都为中部、顶部偏小；墙板-3 四个剖切面的 EPS 颗粒数量分布趋势较为一致，都为中部偏大、顶部偏小，除了面 4 右下角区域偏小，具有差异性。

根据每一个试块剖切面上的 EPS 颗粒分布情况分析可知，试块的 4 个剖切面的 EPS 颗粒数量分布情况较为一致，进一步证明试验方法的可靠性。同时，试块各剖切面数量分析结果的一致性，初步证明 4 个平面反映三维分布情况的可行性。

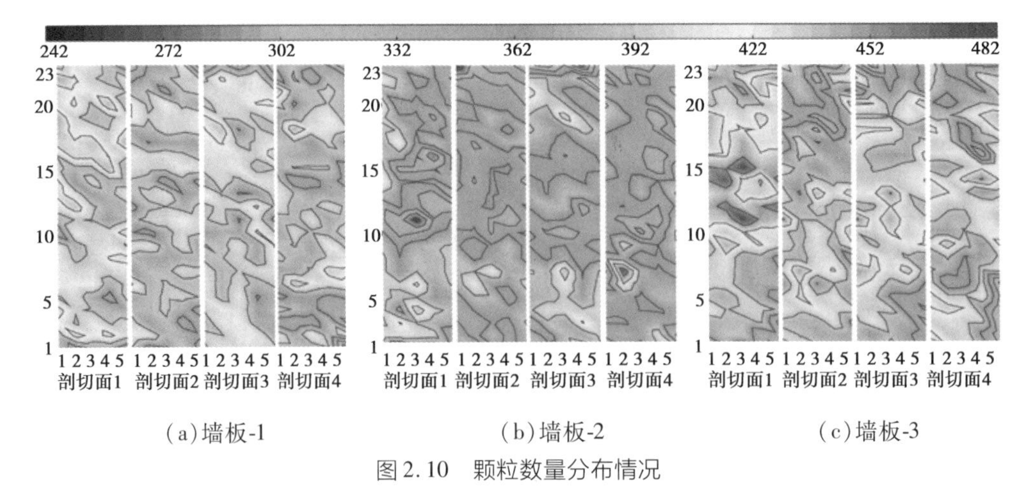

(a)墙板-1　　(b)墙板-2　　(c)墙板-3

图 2.10　颗粒数量分布情况

4)密度均匀性分析

将 3 块墙板 115 个试块的密度数据按编号和原坐标排列,把采集到的局部密度数据进行空间整合,EPS 混凝土芯材复合墙板的密度分布情况如图 2.11 所示。

通过密度在整块墙板上的分布情况可知:

对墙板-1,它的底部密度远大于上部密度,为 840 ~ 920 kg/m^3;中部靠左、中部以及上部部分区域密度偏小,大致为 720 kg/m^{3}左右,尤其是上部部分区域甚至为 660 kg/m^{3}左右;其余大部分区域较为均匀,密度为 780 kg/m^{3}左右。整体趋势来看,底部密度偏大,顶部密度偏小,中部密度分布较为均匀,不均匀分布的密度之间的差值最多可达其自身密度的 46%。

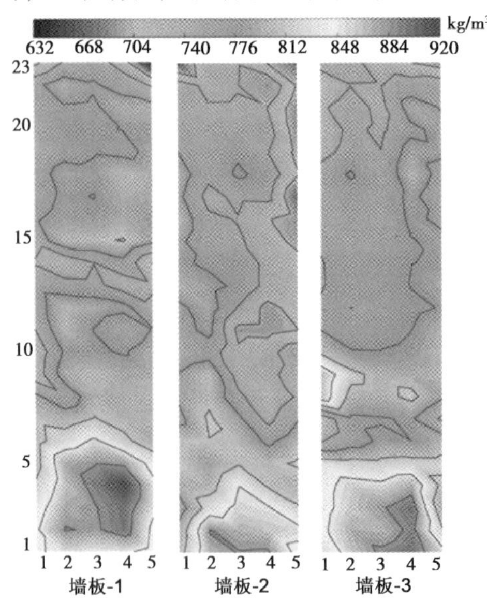

图 2.11　密度分布情况

对墙板-2,它的底部密度远大于上部密度,但区域比墙板-1、3 都要小,密度为 840 ~ 900 kg/m^3;顶部以及中上部靠右区域密度偏小,且区域较大,其密度为 650 ~ 730 kg/m^3;其余区域较为均匀,密度为 780 kg/m^{3}左右。整体趋势来看,底部密度偏大,顶部与右部部分密度偏小,其余大部分区域密度分布均匀,不均匀分布的密度之间的差值最多可达其自身密度的 34%。

对墙板-3,它的底部密度远大于上部密度,且区域面积与墙板-1 相似,密度为 840 ~900 kg/m³;中下部靠左个别区域偏大,密度为 840 ~900 kg/m³;顶部区域密度偏小,为 720 kg/m³ 左右;其余大部分区域分布较为均匀。从整体趋势来看,底部密度与个别中下部靠左区域偏大,顶部密度偏小,其余大部分区域密度分布均匀,不均匀分布的密度之间的差值最多可达其自身密度的 31.6%。

通过对 3 块墙板横向分析其整体密度分布情况可得,EPS 颗粒复合墙板在整体上具有密度分布不均匀性,且分布发展趋势均为底部密度较大,顶部密度较小,其余大部分区域密度分布均匀。它们之间的差值可达其自身密度的 46%。

从已进行的生产调研情况来看,这很可能与生产工艺的局限性有关。在灌浆过程中是由上而下注浆完成,而成型过程也是竖向放置,浆体发生分层情况导致密度不均。墙板内部发生这样程度的密度不均匀情况,意味着其在使用过程当中,不可避免地导致局部材料性能的不一。其中,干缩性能差异容易发生收缩不一的情况,导致在墙板连接处开裂、空鼓;导热性能不一会影响整个装配式围护体系舒适性的下降。

5)抗压强度均匀性分析

抗压强度分布情况如图 2.12 所示。

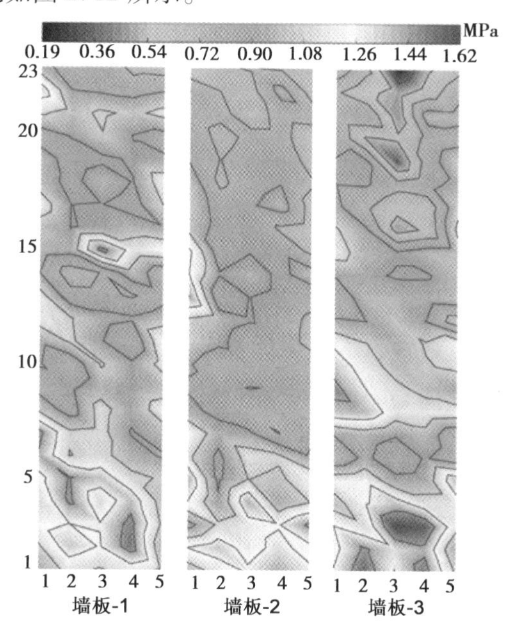

图 2.12 抗压强度分布情况

①对墙板-1,它的底部的抗压强度远大于上部,为 1.25 ~1.53 MPa;中部以及上部部分区域强度偏小,为 0.7 MPa 左右;上部靠左和中上部个别区域较大,为 1.4 MPa 左右;其余大部分区域较为均匀,抗压强度为 1 MPa 左右。整体趋势来看,底部强度偏大,顶部强度偏小,中部强度分布较为均匀,不均匀分布的抗压强度之间的差值最多可达其自身强度的 144.8%。

②对墙板-2,它的底部抗压强度比上部强度大得多,但区域比墙板-1、3 都要小,抗压强度为 1.1 ~1.47 MPa;顶部以及中上部靠右区域密度偏小,且区域较大较为明显,其抗压强度为 0.57 ~0.73 MPa;中部靠右极个别区域强度较大,为 1.4 MPa 左右;其余大部分区域较为

均匀，抗压强度为1 MPa左右。整体趋势来看，底部强度偏大，顶部与靠右部分强度偏小，其余大部分区域强度分布均匀，不均匀分布的抗压强度之间的差值最多可达其自身强度的157.9%。

③对墙板-3，它的底部的抗压强度远大于上部，且区域面积与墙板-1相似，抗压强度为1.25～1.62 MPa；中下部靠右个别区域偏大，抗压强度为1.2～1.4 MPa；中上部到顶部部分区域强度较小，且区域面积偏大，抗压强度为0.185～0.7 MPa；其余大部分区域分布较为均匀，抗压强度为1 MPa左右。整体趋势来看，底部抗压强度与个别中下部靠右区域偏大，上部抗压强度偏小，其余大部分区域密度分布均匀，不均匀分布的抗压强度之间的差值最多可达其自身强度的775.7%。

通过对3块墙板横向分析其整体抗压强度分布情况可得，EPS颗粒复合墙板在整体上具有抗压强度分布不均匀性，且分布发展趋势均为底部强度较大，顶部强度较小，其余大部分区域强度分布均匀。它们之间的差值可达其自身强度的775.7%。

根据已分析的EPS颗粒墙板密度分布不均匀情况发现，密度与抗压强度的分布情况高度相似，整体趋势都是底部偏大，顶部较小，其余大部分区域分布均匀。尤其是一些特征区域，如墙板-1的中部区域、墙板-2的中部靠右极个别区域和墙板-3的中下部靠右个别区域，它们的密度与强度的变化情况极为一致，说明EPS颗粒复合墙板材料的密度与抗压强度具有高度相关性。

虽然装配式建筑围护体系中的墙板并不承重，但EPS颗粒复合墙板内部发生这样程度的抗压强度不均匀情况，意味着其运输、存放安全和使用质量上将会受到影响。

2.2.2 芯材均匀性能优化设计

1)试验原材料

本节试验所采用的水泥基质材料分别为普通硅酸钙水泥、硅灰、天然河砂、减水剂、增稠剂，材料性能与2.1.1节一致，所采用的EPS颗粒具体性能如下：

EPS颗粒是由聚苯乙烯固体珠粒，经过蒸汽压力膨胀制成的轻质塑料泡沫。在蒸压过程中颗粒形成了一个完美的封闭多孔结构，而孔隙所占体积约为原来聚苯乙烯颗粒的40倍，具有良好的保温隔热的特点。

本书采用的EPS颗粒粒径为3～5 mm，表观密度为25.1 kg/m^3，导热系数为0.034 W/(m·K)。按照GB/T 17431.1—2010、GB/T 17431.2—2010与ASTM C136-19所规定的筛分方法与堆积密度测量方法对EPS颗粒进行测试，筛分分析见表2.7。EPS颗粒的细度模数为5.00，堆积密度为11.31 kg/m^3，是超轻集料的一种，属于保温用或结构保温用的轻粗集料。EPS颗粒的宏观尺寸与微观孔隙形貌如图2.13所示。

表2.7 EPS颗粒筛分分析表

筛孔/mm	9.5	4.75	2.36	1.18	0.6	0.3	0.15	<0.15
砂筛质量/g	693.4	704.8	681.2	572	0	0	0	0
记录质量/g	693.4	709.8	686.2	572	0	0	0	0

续表

砂筛余量/g	0	5	5	0	0	0	0	0
分计筛余百分比	0.0	50.0	50.0	0.0	0.0	0	0	0
累计筛余百分比	0	50	100	100	100	100	100	100
通过百分比	100	50	0	0	0	0	0	0
细度模数	5.00							

(a) EPS 颗粒的宏观尺寸

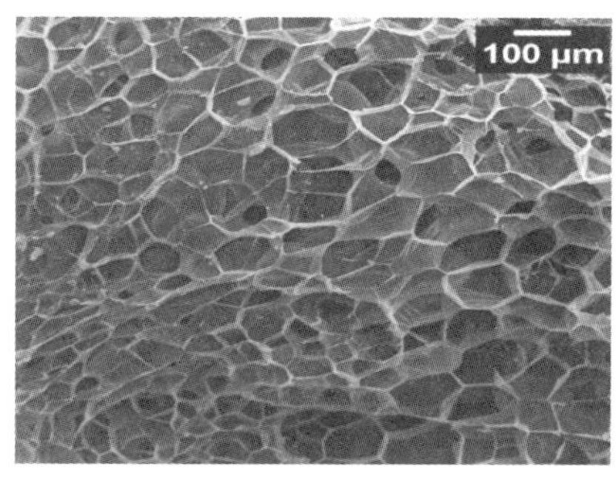

(b) SEM 微观形貌

图 2.13 EPS 颗粒形貌

2)配合比设计

多孔固体材料是一种由形成孔穴的棱边和壁面的固体杆或是固体板所构成的相互联结的网络体。当孔穴由三维空间填充的多面体构成时,则称为泡沫材料。若其壁面也是固体,以至于每个孔穴都与其相邻的孔穴相互封闭隔离,则改泡沫体为闭孔。而 EPS 颗粒密度极轻,颗粒内部经发泡膨胀,空气占比为 40:1,强度几乎为零。从宏观来看,可将 EPS 混凝土中的水泥基质视为均质的固体,将 EPS 颗粒视为充满气体的孔隙。而每个 EPS 颗粒呈独立的球体结构,故可将 EPS 混凝土视为一种闭孔泡沫型的多孔固体材料。将 EPS 颗粒视为孔隙后尝试引入宏观孔隙率作为 EPS 混凝土的体积分数,有:

$$P = \frac{\rho_{基质} - \rho_{EPS混凝土}}{\rho_{基质} - \rho_{EPS}} \tag{2.9}$$

式中 P—— 体积分数,%;

$\rho_{基质}$—— 使用的水泥基质的密度,kg/m^3;

$\rho_{EPS混凝土}$—— EPS 混凝土的密度,kg/m^3;

ρ_{EPS}—— EPS 颗粒的表观密度,kg/m^3。

为了探讨 EPS 颗粒掺量对整体均匀性能的影响,并且 EPS 体积分数为 40% 以上的替代量是可行的,选择体积分数跨度设计为 10% ~50%。而选用基质密度为 1 793.36 kg/m^3,EPS 颗粒的表观密度为 25 kg/m^3,根据式(2.9)的计算预测密度为 900 ~1 600 kg/m^3,符合改性芯材材料的实际使用区间范围。设置体积分数为 5 个阶段,分别为 10%、20%、30%、40% 和 50%。为了探讨 HPMC 增稠剂对 EPS 混凝土的均匀性影响,设置两组 HPMC 的掺量水平(0 和 0.1%),最终设计配合比共 10 组,见表 2.8。

表 2.8　配合比设计

单位:kg/m³

编号	水泥	硅灰	水	河砂	减水剂	EPS	增稠剂	设计密度
U100	763.36	190.84	229.01	610.69	6.11	2.5	—	1 616.52
U101	763.36	190.84	229.01	610.69	6.11	2.5	0.95	
U200	678.54	169.64	203.56	542.83	5.43	5	—	1 439.69
U201	678.54	169.64	203.56	542.83	5.43	5	0.85	
U300	593.72	148.43	178.12	474.98	4.75	7.5	—	1 262.85
U301	593.72	148.43	178.12	474.98	4.75	7.5	0.74	
U400	508.91	127.23	152.67	407.12	4.07	10	—	1 086.06
U401	508.91	127.23	152.67	407.12	4.07	10	0.64	
U500	424.09	106.02	127.23	339.27	3.39	12.5	—	909.18
U501	424.09	106.02	127.23	339.27	3.39	12.5	0.53	

3)试件制备与养护

制备 EPS 混凝土的过程中应注意以下两个问题:一是 EPS 颗粒疏水性表面与水泥浆体的不相容性,在拌和过程中禁止使用振动台振捣密实,以避免人为干预造成 EPS 颗粒上浮;二是拌和掺入液态减水剂后,需要进行充分搅拌,才能使减水剂的官能团最大限度地与水泥颗粒进行接触,以达到最佳分散状态。

本节中 EPS 混凝土的制备流程具体步骤如下:

①将水泥、硅灰以及河砂加入卧式混凝土搅拌机中匀速搅拌 1 min,同时将液态减水剂加入称量好的水中用搅拌勺手动搅拌均匀。

②在搅拌均匀的固体混合物中加入已制备好的液态减水剂溶液,匀速搅拌 5 min(每 1 min检查叶片及搅拌机壁上未拌匀的混合物,并将其刮下),尽量使两者充分混合均匀。

③若添加增稠剂情况,将称量好的 HPMC 增稠剂尽可能分散地加入拌和好的混合物浆体之中,均匀搅拌 1 min;若不加入增稠剂,则直接进行下一步。

④将称量好的 EPS 颗粒尽可能分散地加入混合物中,匀速搅拌 1 min 后,刮下叶片及搅拌机壁上未充分搅拌均匀的 EPS 颗粒至混合物中,继续搅拌至少 1 min 至均匀状态。

⑤将拌和好的混合物装入预先准备好并用水湿润过表面的置物盘后,再次手动拌和至均匀状态,保证混合物始终处于均匀状态。

⑥将搅拌好的混合物倒入预先准备好的试模中,分 3 次装入,每一次用钢筋略加插捣(严禁振捣),最终用手将混合物压实,以排除大的空隙。

⑦将试件带模具放置于自然环境硬化 24 h,并具有一定的早期强度后,将试件拆模后放入温度为 20 ℃,湿度为 95% 以上的标准恒温恒湿养护箱进行标准养护。

本次试验的制备流程如图 2.14 所示,并且采用的试件尺寸为直径 150 mm,高 300 mm 的圆柱体,养护龄期为 28 d,制备好的试件如图 2.15 所示。

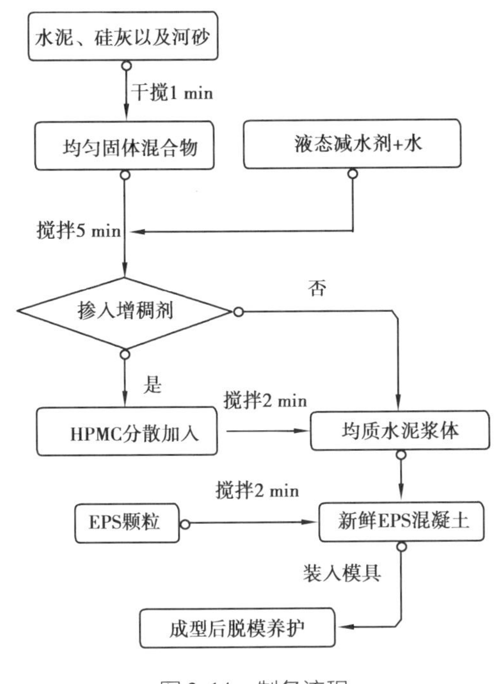

图 2.14　制备流程

图 2.15　EPS 混凝土圆柱体试件

4）试验方法

为了获取 EPS 颗粒在竖向区域内的空间分布，且保证测试结果不受尺寸效应影响，采用直径为 150 mm、高度为 300 mm 的圆柱体模具。本试验结合密度分层法与图像处理法，采用足够大的空间尺寸的同时，将圆柱体切割成均匀的两部分，进行图像采集后，再对试件进行切割分层处理，通过密度、超声波速及图像分析结果进行 EPS 混凝土均匀性评估。

（1）图像采集与分析

图像分析使用用于所有图片的标准标尺，可以获得图片中实际长度和像素之间的关系。裁剪由像素确定的具有固定边缘的矩形区域，只有 EPS 颗粒部分保留在图片中。使用自动全局阈值方法，采用三角自动阈值分割算法（Triangle algorithm），可以识别和区分 EPS 颗粒的面积比、数量与粒径。

①EPS 颗粒整体分布。如图 2.16 所示，将圆柱体试件从中切割成均匀的两半，露出其剖面，放置于置物台上，对 EPS 混凝土试件的剖切面（Face 1 与 Face 2）进行图像采集，并将 5 304 px ×7 952 px 的原始图片裁剪成 2 750 px ×5 600 px 的纯切面图像后，进行 EPS 颗粒进行识别分析。

②EPS 颗粒沿纵向分布。沿芯材材料浇筑方向自上而下将采集到的 EPS 混凝土整体 2 750 px ×5 600 px 的纯切面图像均等截分成 5 个部分，如图 2.17 所示，并对其 EPS 颗粒进行识别分析。

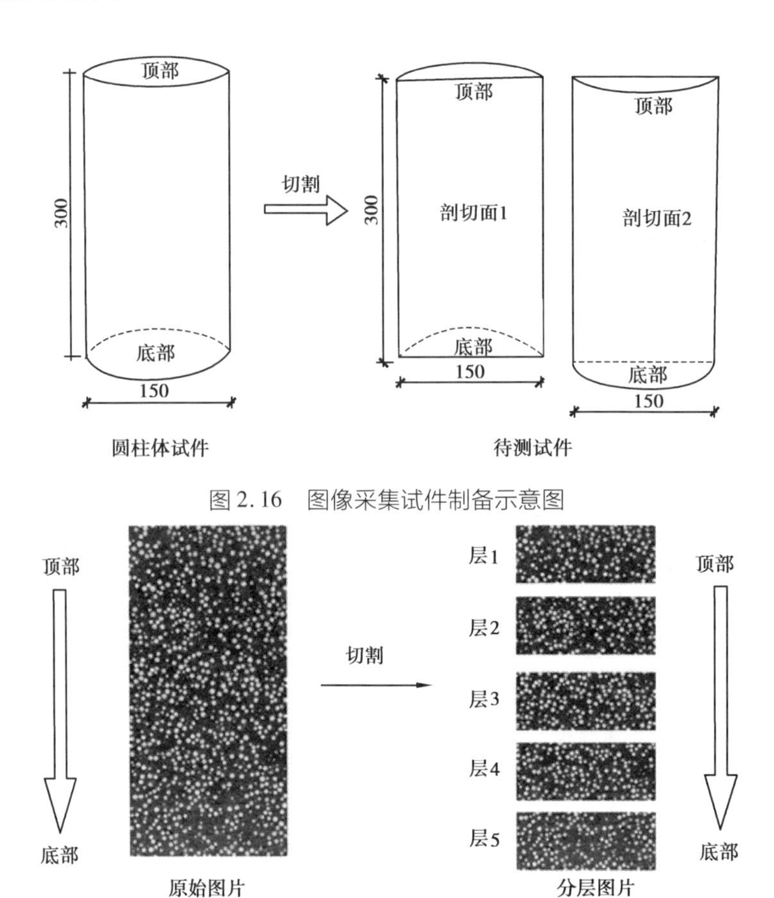

图 2.16　图像采集试件制备示意图

图 2.17　图像分层处理

(2)密度测试

①整体密度测试。将试件放置于(60 ±5)℃的恒温干燥箱,烘干至恒重,计算试件干密度。

②分层密度测试。将已经处理过的样品继续切割,等分成 5 等份,从上至下编号为 1—5,如图 2.18 所示,并将试件放入温度为(60 ±5)℃的恒温干燥箱,烘干至恒重后称量试件质量,计算切块试件密度。

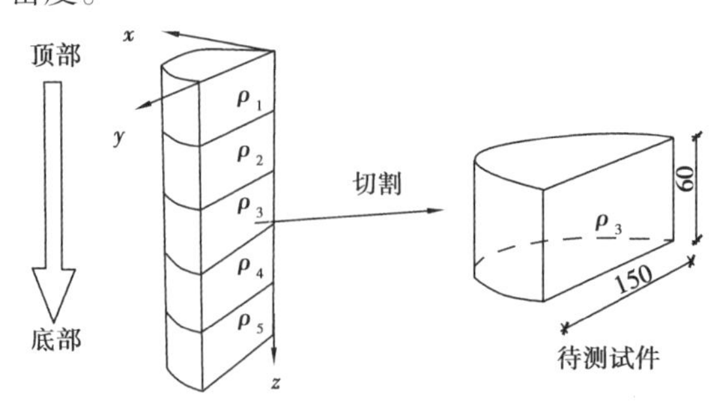

图 2.18　试件纵向切割与分层密度位置示意图

(3)超声波速(Ultrasonic pulse velocity, UPV)测试

通过改性芯材材料的脉冲速度的测试参考规范 ASTM C597-16 与 ACI 228.1R-03 进行,试件的尺寸由具体研究而定,但试件的最小尺寸必须超过超声波振动的波长。试验采用

ZBL-U520 型非金属超声波检测仪,原理如图 2.19 所示。发射器发出超声波脉冲通过试件并到达接收器,观察到合适的波形后(波形为衰减的正弦曲线,改性芯材材料的测试典型波形如图 2.20 所示),计算脉冲通过的距离和时间就可得出通过试件材料的超声波速。

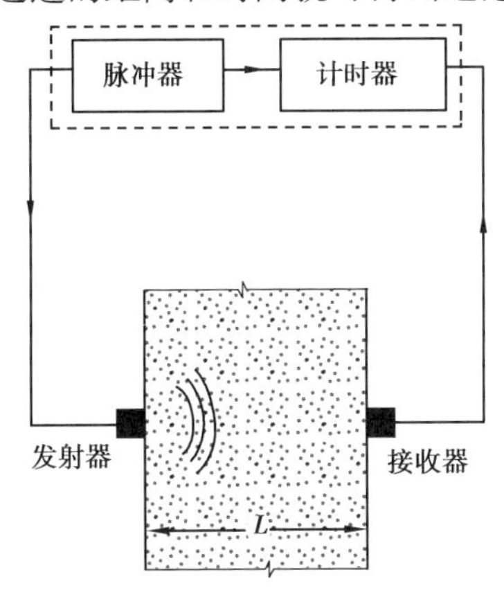

图 2.19　非金属材料超声波测速原理

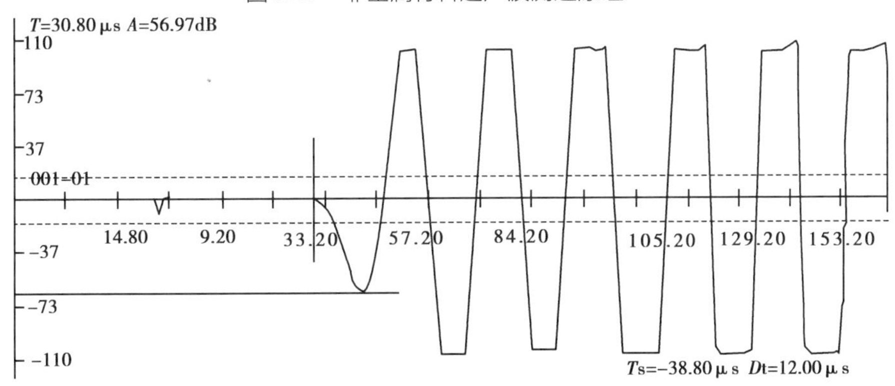

图 2.20　EPS 混凝土 UPV 测试波形

对烘干至恒重的切割试件进行超声波速的测试,如图 2.21 所示。将超声波发射器和接收器贴紧在切割试件的纵向剖切面中心,通过微调至超声波形至合适波形后,记录通过切割试件的声速时间 T,通过式(2.10)计算通过每个切割试件的超声波速。

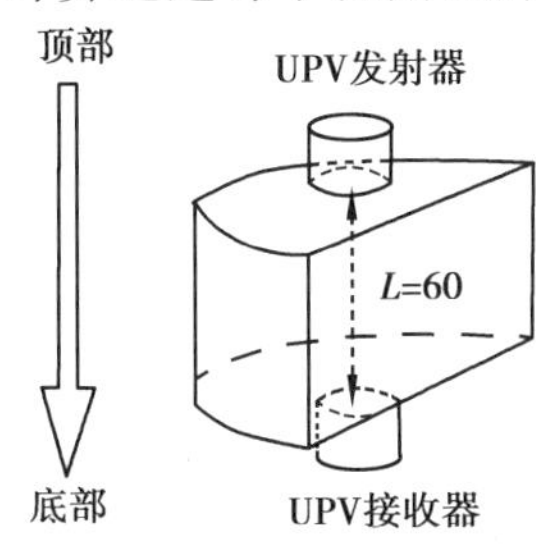

图 2.21　试件测试示意图

$$V = \frac{L}{T} \tag{2.10}$$

式中　V—— 超声波速,km/s;

T—— 超声脉冲通过试件时间,μs;

L—— 超声波通过试件距离,mm。

(4)微观分析

本书采用SmartLab-9型X射线衍射仪(X-ray Powder Diffractometer,XRD),如图2.22所示,通过对不同配比、不同龄期下水泥基材料进行物相定性分析,以此判断水泥基材料的水化程度,以及判断水化反应是否会受不同改性方法的影响。XRD样品的制备与SEM相同,都是以溶剂取代法将样品中的水分去除,烘干后终止水化,但分析时需要将样品放入玛瑙研钵研磨成粉末,为了保证有足够多的小晶体颗粒参与衍射,颗粒尺寸设置在10 μm以内。对样品进行XRD衍射分析时采用的发射电压为45 kV,电流为200 mA,扫描速度设置为12°/min(步长为0.02°),对样品扫描的2θ范围为5°~60°。

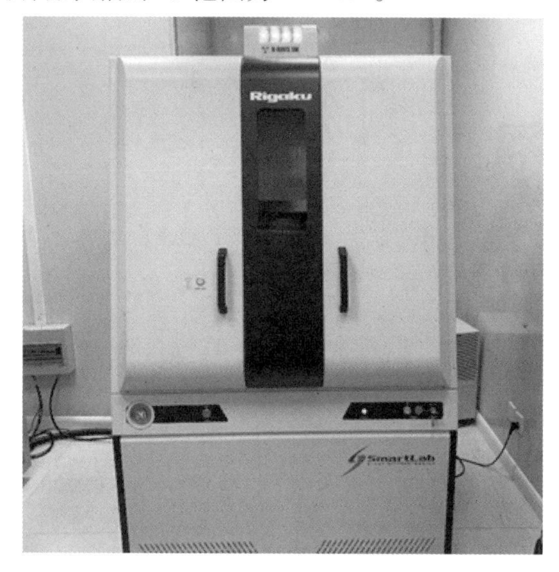

图2.22 SmartLab-9型X射线衍射仪

5)整体性能分析

不同EPS颗粒体积分数与不同增稠剂(HPMC)掺量的EPS混凝土的纵向均匀性参数(均匀性平均粒径、平均数量、颗粒面积比)、密度与超声波速(UPV)见表2.9。

表2.9 不同HPMC与EPS体积分数的EPS混凝土均匀性参数

编号	粒径/mm	数量/个	颗粒面积比/%	密度/($kg \cdot m^{-3}$)	UPV/($km \cdot s^{-1}$)
U100	3.65	515	12.20	1 746.37	3.71
U200	3.60	958	22.19	1 486.27	3.48
U300	3.62	1 462	34.08	1 234.77	3.14
U400	3.59	1 668	38.32	1 126.82	3.06
U500	3.77	2 009	51.06	816.04	2.68
U101	3.61	483	11.20	1 637.89	3.51

续表

编号	粒径/mm	数量/个	颗粒面积比/%	密度/(kg·m^{-3})	UPV/(km·s^{-1})
U201	3.54	941	21.01	1 430.52	3.32
U301	3.55	1 342	30.10	1 205.52	3.02
U401	3.59	1 667	38.23	1 048.70	2.94
U501	3.76	1 874	47.16	796.40	2.63

(1)EPS 颗粒空间参数

通过 EPS 颗粒的均匀性参数的特性,可以直观地衡量 EPS 颗粒与 HPMC 掺量对 EPS 混凝土整体均匀性水平的影响。

①颗粒粒径与数量。表 2.9 中 EPS 体积分数为 10%、20%、30%、40% 和 50% 的未掺入有 EPS 混凝土平均粒径为 3.65 mm、3.60 mm、3.62 mm、3.89 mm、3.77 mm,均值为 3.65 mm。而掺有 HPMC 的 EPS 混凝土平均粒径为 3.61 mm、3.54 mm、3.55 mm、3.59 mm、3.76 mm,均值为 3.61 mm。如图 2.23 所示,两者的粒径变化较小,说明使用的 EPS 颗粒粒径较为均匀,并且 HPMC 的掺入对其几乎没有影响。

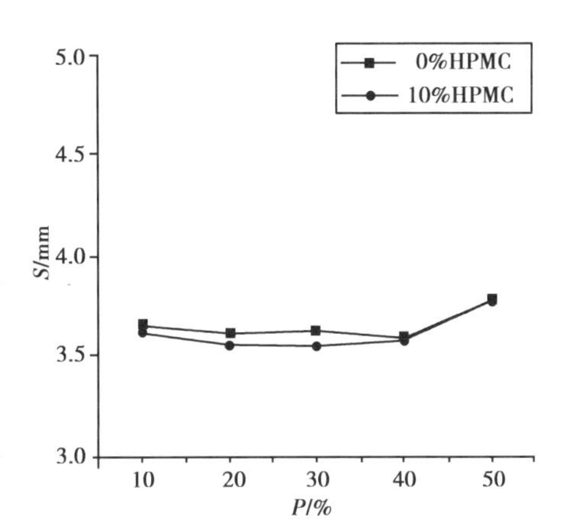

图 2.23 体积分数 P 与整体颗粒粒径 S 的关系

在对试件剖面 EPS 颗粒的数量进行分析后发现,其与 EPS 体积分数密切相关。体积分数从 10% 提升至 50% 时,在未掺入 HPMC 的情况下,数量从 515 增加为 2 009,提升了 290%;在掺入 HPMC 的情况下,数量从 483 增加为 1 874,提升了 288%。如图 2.24 所示,随着 EPS 体积分数的提升,试件中 EPS 颗粒的数量不断提高,几乎呈线性增长的关系。同时发现在 30% 体积分数之后,掺入 HPMC 的 EPS 混凝土的颗粒数量要更低一些,如在 50% 体积分数时,未掺入 HPMC 时 EPS 颗粒数量为 2 009,掺入后为 1 874,降低了 7% 左右。说明 HPMC 的掺入会使 EPS 混凝土高体积分数情况下降低其数量。

②颗粒占比情况。在分析试件剖面的 EPS 颗粒面积比后,同样发现其与 EPS 体积分数密切相关。体积分数从 10% 提升至 50% 时,在未掺入 HPMC 的情况下,颗粒面积比从 12.2% 增长为 51.06%,提升了 319%;在掺入 HPMC 的情况下,颗粒面积比从 11.2% 增长为 47.16%,提升了 321%,两者增长程度一致。如图 2.25 所示,随着 EPS 体积分数的提升,试件中 EPS 颗粒面积比不断提高,与颗粒数量和体积分数的关系一致,几乎呈线性增长的关系。同时也发现在 30% 体积分数之后,掺入 HPMC 的 EPS 混凝土的颗粒面积比要更低一些,如在 50% 体积分数时,未掺入 HPMC 时 EPS 颗粒面积比为 51.06%,掺入后为 47.16%,降低了 7% 左右。说明 HPMC 的掺入会使 EPS 高掺入量时,降低 EPS 混凝土中的颗粒面积比。这个现象与观察到的 EPS 颗粒数量与体积分数的关系一致,说明 HPMC 的掺入会使

EPS 高掺入量时，降低 EPS 混凝土中的颗粒占比。由此可说明在粒径基本一致的情况下，颗粒面积比的变化主要受颗粒数量的变化影响。

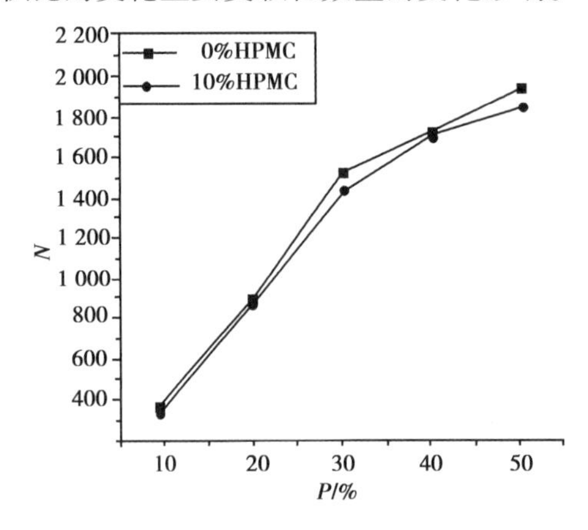

图 2.24　体积分数 P 与整体颗粒数量的关系

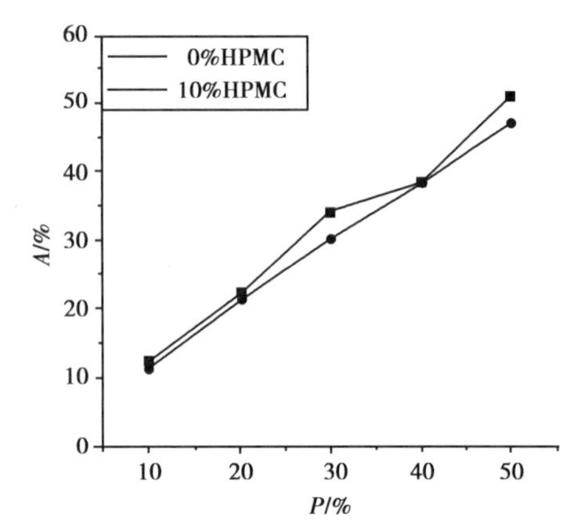

图 2.25　体积分数 P 与颗粒面积比 A

试验结果观察到测试所得到的 EPS 颗粒占比与体积分数的值具有高度的一致性，提出 EPS 颗粒在混凝土中均匀随机分布假设，如图 2.26 所示，在任一微段 d_z 高度中的 EPS 颗粒体积分数均等于总体积分数。只要微段的高度 d_z 足够小，可认为微段内的体积分数近似等于切面上的面积比。进而可得到，在 EPS 颗粒均匀分布时，任一剖面上的面积比近似等于总体积分数，即理论关系模型为 $A=\alpha \cdot P$，其中 $\alpha=1$。通过对图像分析结果面积比 A 与实际体积分数 P 对比分析发现，关系式见式(2.11)，结果的误差值可能来源于实际制作中和试件切割后的偏差。其中系数 α 为 0.99 高度近似于理论系数 1，且 R^2 为 0.998，如图 2.27 所示。这说明本书所提出图像分析方法的结果中面积比 A 可近似等同于试件体积分数 P。

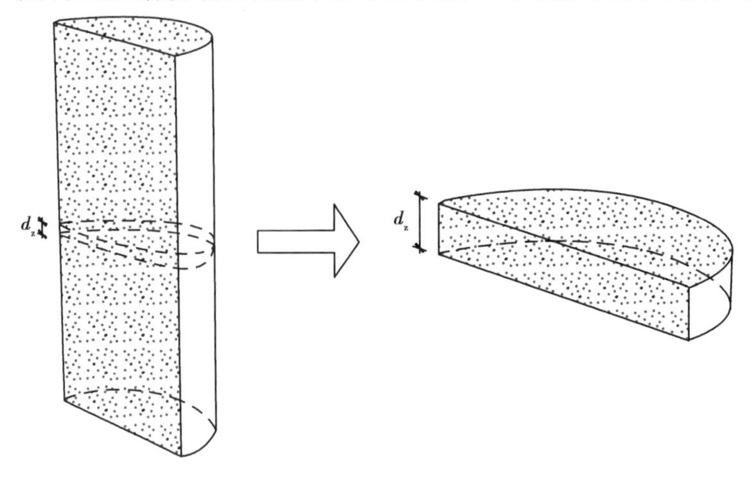

图 2.26　EPS 颗粒均匀随机分布模式

$$A = 0.99 \cdot P \tag{2.11}$$

式中　P—— EPS 体积分数，%；

　　A—— EPS 颗粒面积比，%。

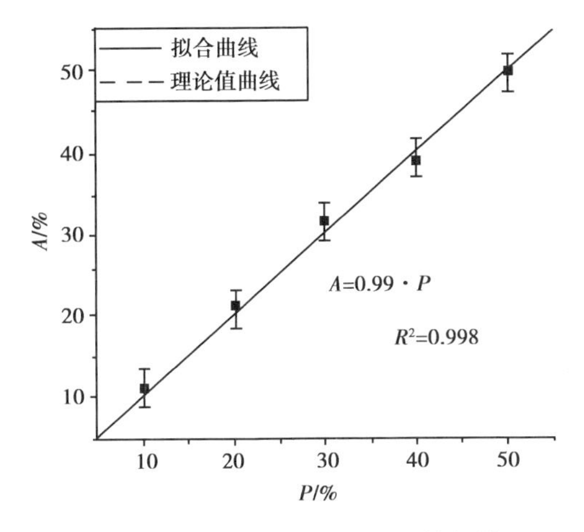

图 2.27　颗粒面积比与体积分数的等效模型

(2)干密度及超声波速

对 EPS 混凝土这类轻质混凝土,干密度与超声波速(UPV)是表现其整体性能的关键参数。表 2.9 中 EPS 混凝土干密度与 EPS 体积分数密切相关,EPS 混凝土的实测表观密度和理论表观密度如图 2.28 所示,理论上 EPS 混凝土的表观密度与 EPS 体积呈线性关系,实际测试结果都与理论结果吻合较好。体积分数从 10% 提升至 50% 时,在未掺入 HPMC 的情况下,干密度从 1 746.37 kg/m³降低为 816.04 kg/m³,下降了 53%;在掺入 HPMC 的情况下,干密度从 1 637.89 kg/m³降至 796.40 kg/m³,降低了 51%。随着 EPS 体积分数的提升,试件干密度不断降低,两者几乎呈线性增长的关系。同时发现,掺入 HPMC 后的试件干密度普遍比未掺入 HPMC 的试件干密度略低,说明 HPMC 的掺入会降低 EPS 混凝土的密度,这是 HPMC 掺入后浆体黏度增大引入了更多气孔所致。

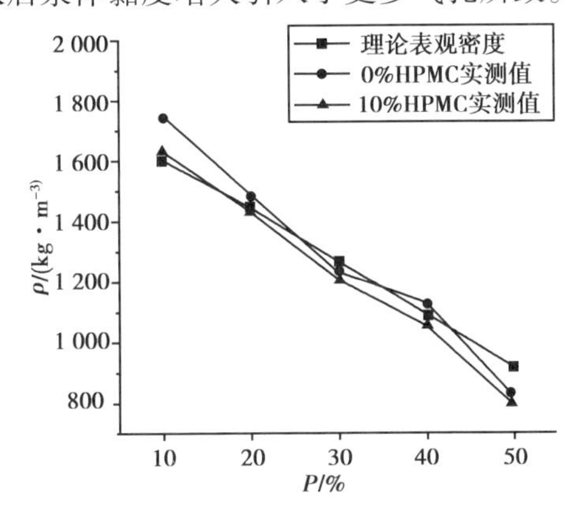

图 2.28　体积分数 P 与整体密度 ρ 的关系

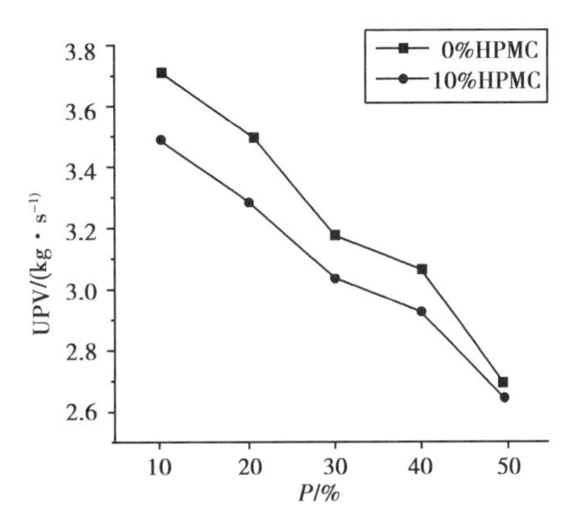

图 2.29　体积分数 P 与整体超声波速的关系

在分析试件的超声波速(UPV)后,观察到体积分数从 10% 提升至 50% 时,在未掺入 HPMC 的情况下,UPV 从 3.71 km/s 降低为 2.68 km/s,下降了 28%;在掺入 HPMC 的情况下,UPV 从 3.51 km/s 降至 2.63 km/s,下降了 25%。如图 2.29 所示,随着 EPS 体积分数的提升,通过试件超声波速不断降低。同时观察到,掺入 HPMC 后的试件的 UPV 明显比未掺入 HPMC 的试件 UPV 更低,说明 HPMC 的掺入会降低通过 EPS 混凝土的超声波速。这是掺入 HPMC 后 EPS 混凝土基质存在更多的气孔,超声波脉冲在通过空气时要比通过混凝土材料情况下耗费更多的能量,导致通过试件的超声波速更低。

2.2.3 均匀性量化分析

1)相对均匀性参数(X_s)与均匀指数(UI)

EPS 混凝土中的不均匀性主要由 EPS 颗粒的不均匀分布导致,为了对 EPS 混凝土的均匀性进行多维度的定量分析,将分割成试件均匀分割成 5 层后的颗粒粒径(S)、数量(N)、面积比(A)、密度(ρ)及超声波速(V)进行相对均匀性参数化。

$$X_{si} = \frac{X_i}{X_{mean}} \tag{2.12}$$

$$X_{mean} = \frac{\sum_{i=1}^{n} X_i}{n} \tag{2.13}$$

式中 X_{si}—— 相对均匀性参数 X 分别为颗粒粒径 S、数量 N、面积比 A、密度 ρ 与超声波速 V;

n——总分层数;

X_{mean}—— 均匀性参数 5 层平均值。

为了进一步评价 EPS 混凝土的不均匀程度,本书提出均匀指数(Uniformity Index, UI)的定义。均匀指数定义为 EPS 混凝土试件的相对均匀性参数 X_{si},与分割试件底面至整体试件顶部的实际距离 l_{zi} 的线性回归平均斜率,UI 的计算模型如图 2.30 所示。

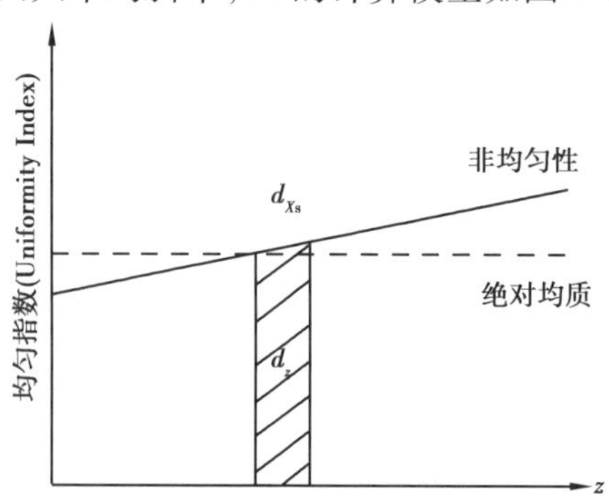

图 2.30 均匀指数(UI)的计算模型

$$UI = \frac{d_{Xs}}{d_z} \tag{2.14}$$

$$d_{Xs} = n\sum l_{zi}X_{si} - \sum l_{zi}\sum X_{si} \tag{2.15}$$

$$d_z = n\sum l_{zi}^2 - \left(\sum l_{zi}\right)^2 \tag{2.16}$$

式中 l_{zi}—— 分割的试件沿垂直向下方向上,分割试件底面至整体试件顶部的实际距离,l_{z1} — l_{z5} 分别为 0.06 m、0.12 m、0.18 m、0.24 m、0.3 m;

n—— 分割总层数,$n=5$。

在 EPS 混凝土绝对均匀的情况下,理论上是不会出现离析的,相对均匀性参数与 z 坐标曲线的平均斜率等于零,即 UI=0;当出现不均匀现象时,试件的相对均匀性参数 d_{Xs} 沿试件的垂直方向上增大或是减小,使平均斜率不为零,即 UI≠0。不均匀现象越严重,UI 的绝对值就越大。可以根据 UI 的值来评价 EPS 混凝土的均匀性。

2) EPS 颗粒空间参数

(1) 颗粒粒径

不同 EPS 颗粒体积分数与不同增稠剂(HPMC)掺量的 EPS 混凝土,沿垂直方向的相对颗粒粒径(S_s)与粒径均匀指数(UI-S)见表 2.10,这两者的分布可以更加直观地量化 EPS 颗粒与 HPMC 的掺量对颗粒粒径分布的影响。当沿垂直方向(z 坐标)从上至下(d_z从 0.05 m 逐级提升至 0.30 m)分析时,在未掺入 HPMC 的情况下 S_s为 0.881 ~1.076,而其中 EPS 体积分数为 20% 时的变化最大,S_s从顶部的 1.076 变化至底部的 0.906,粒径分布均匀程度相对变化了 15%;在掺入 HPMC 的情况下,S_s为 0.933 ~ 1.128,而其中 EPS 体积分数为 50% 时的变化最大,S_s从顶部的 1.128 变化至底部的 0.979,粒径分布均匀程度相对变化了 13%。

表 2.10　相对颗粒粒径(S_s)与粒径均匀指数(UI-S)

编号	S_{s1}	S_{s2}	S_{s3}	S_{s4}	S_{s5}	UI-S
U100	1.076	0.976	0.881	0.909	0.995	-0.383
U200	1.073	0.978	0.919	0.931	0.906	-0.635
U300	0.972	0.966	0.976	0.959	0.977	0.006
U400	0.988	0.960	0.966	0.959	0.968	-0.067
U500	1.063	0.944	0.945	0.940	1.015	-0.165
U101	0.933	0.970	0.951	1.015	0.961	0.169
U201	1.033	0.977	0.970	0.950	0.935	-0.370
U301	1.013	0.967	0.961	0.948	0.958	-0.216
U401	1.058	0.991	0.957	0.943	0.948	-0.449
U501	1.128	0.940	0.938	0.957	0.979	-0.470

如图 2.31 所示,随着试件的相对高度减小,试件中的 S_s 值并未出现太大的变化,S_s 值均在 1 左右进行略微的波动,说明颗粒粒径在未掺入 HPMC 和掺入 HPMC 的情形下,都能保持其在垂直方向上的分布均匀性。

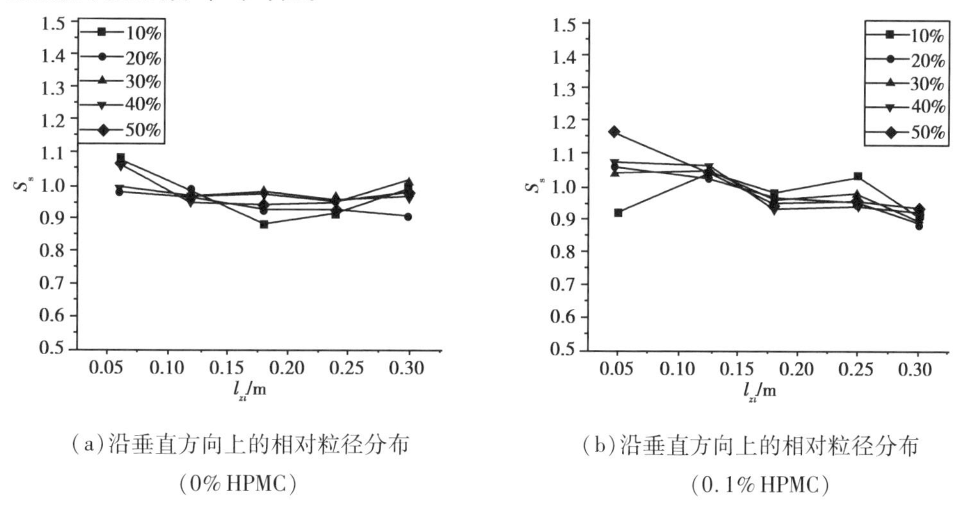

(a) 沿垂直方向上的相对粒径分布 (0% HPMC)

(b) 沿垂直方向上的相对粒径分布 (0.1% HPMC)

图 2.31　颗粒粒径沿垂直方向上均匀性分析(0%、0.1% HPMC)

沿垂直方向从上至下的变化情况观察到，在未掺入 HPMC 的情况下，UI-S 的值为 $-6.35 \sim 0.006$，体积分数为 20% 时 UI-S 绝对值(0.635)最大，而体积分数为 30% 时 UI-S 绝对值(0.006)最小；在掺入 HPMC 的情况下，UI-S 的值为 $-0.470 \sim 0.169$，体积分数为 50% 时 UI-S 绝对值(0.470)最大，而体积分数为 10% 时 UI-S 绝对值(0.169)最小。如图2.32所示，发现体积分数在 30% 以下时，掺入 HPMC 试件的 UI-S 优于未掺入 HPMC 的试件，且掺入 HPMC 的试件的 UI-S 普遍更大，这意味着低体积分数(≤20%)的 EPS 混凝土掺入 HPMC，会略微提升垂直方向上粒径均匀分布；而体积分数在 30% 以上时，掺入 HPMC 试件的 UI-S 低于未掺入 HPMC 的试件，且掺入 HPMC 的试件的 UI-S 普遍更低，这意味着高体积分数(≥30%)的 EPS 混凝土掺入 HPMC，会略微降低垂直方向上粒径分布均匀性。但从整体的角度来看，EPS 颗粒与 HPMC 掺量对 EPS 混凝土中 EPS 颗粒粒径在垂直方向上的均匀性分布影响不大。

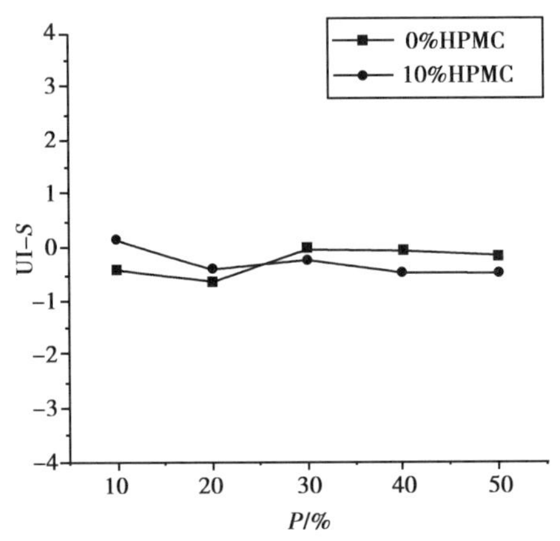

图 2.32 颗粒粒径均匀指数 UI-S 与体积分数 P 的关系

(2)颗粒数量分布

沿垂直方向的相对颗粒数量与数量均匀指数见表 2.11。对于 EPS 颗粒数量沿垂直方向从上至下的分布而言，在未掺入 HPMC 的情况下，N_s 为 $0.736 \sim 1.276$，而其中 EPS 体积分数为 20% 时的变化最大，N_s 从顶部的 0.736 变化至底部的 1.276，颗粒数量分布的均匀程度相对变化了 73%；在掺入 HPMC 的情况下，N_s 为 $0.881 \sim 1.231$，而其中 EPS 体积分数为 10% 时的变化最大，N_s 从顶部的 0.881 变化至底部的 1.231，颗粒数量分布的均匀程度相对变化了 40%。

表 2.11 相对颗粒数量(N_s)与数量均匀指数(UI-N)

编号	N_{s1}	N_{s2}	N_{s3}	N_{s4}	N_{s5}	UI-N
U100	1.090	1.023	1.102	1.104	0.875	-1.014
U200	1.276	1.149	1.009	0.991	0.736	-2.068
U300	0.929	0.989	1.078	1.102	1.058	0.619
U400	0.972	1.025	1.051	1.056	1.054	0.325
U500	0.967	1.054	1.071	1.061	1.008	0.146
U101	0.881	0.937	0.970	1.117	1.231	1.592

续表

编号	N_{s1}	N_{s2}	N_{s3}	N_{s4}	N_{s5}	UI-N
U201	0.919	1.023	1.007	1.096	1.113	0.771
U301	0.957	1.038	1.054	1.056	1.056	0.360
U401	0.953	1.010	1.041	1.080	1.062	0.483
U501	0.931	1.062	1.068	1.046	1.029	0.300

如图 2.33 所示,随着试件的相对高度减小时,未掺入 HPMC 试件中的 N_s 值总体波动较大,尤其在体积分数为 20% 与 10% 时较为明显;而掺入 HPMC 试件中的 N_s 值相对波动较小,并且整体趋势基本为随垂直方向向下增大而增大,这意味着掺入 HPMC 的 EPS 混凝土材料的颗粒数量沿垂直方向向下增大而增大。说明 HPMC 的掺入有效改善了 EPS 混凝土浆体中 EPS 颗粒的上浮现象,这是 HPMC 的掺入提升了水泥浆体的黏稠性以及改善了 EPS 颗粒表面的疏水性所致。

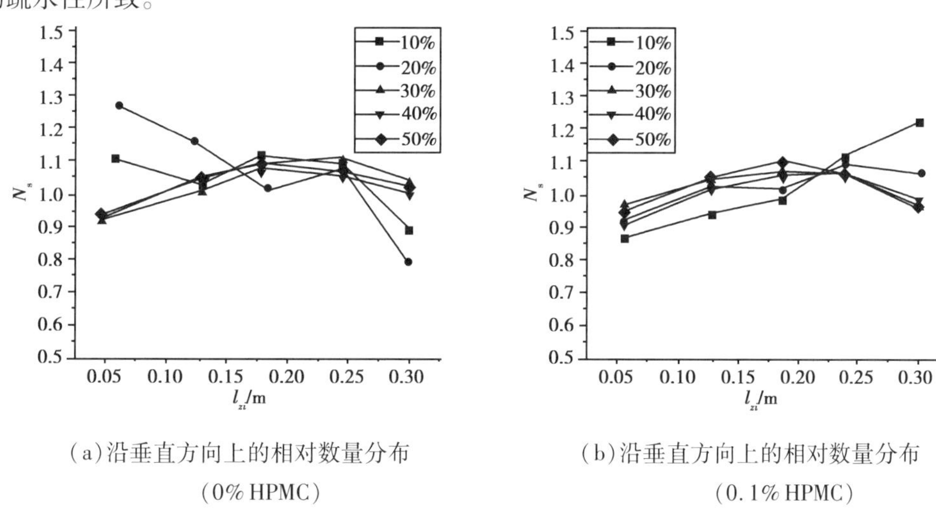

(a)沿垂直方向上的相对数量分布(0% HPMC)

(b)沿垂直方向上的相对数量分布(0.1% HPMC)

图 2.33 颗粒数量沿垂直方向上均匀性分析(0%、0.1% HPMC)

沿垂直方向从上至下的变化情况观察到,在未掺入 HPMC 的情况下,UI-N 的值为 -0.619,体积分数为 20% 时 UI-N 绝对值(2.068)最大,而体积分数为 50% 时 UI-N 绝对值(0.146)最小;在掺入 HPMC 的情况下,UI-N 的值为 0.300 ~ 1.592,体积分数为 10% 时 UI-N 绝对值(1.592)最大,而体积分数为 50% 时 UI-N 绝对值(0.300)最小。如图 2.34 所示,在未掺入 HPMC 时,低体积分数(≤20%)的 EPS 混凝土的颗粒数量均匀性分布不佳;而在高体积分数(≥30%)EPS 混凝土的 UI-N 值随体积分数的增大而降低,说明未掺入 HPMC 的 EPS 混凝土体积分数(≥30%)越大,EPS 混凝土的颗粒数量分布越均匀。在掺入 HPMC 的情况下,UI-N 值均随体积分数的增大而降低,说明掺入 HPMC 的 EPS 混凝土体积分数越大,EPS 混凝土的颗粒数量分布越均匀。掺入 HPMC 试件的 UI-N 值均优于未掺入 HPMC 试件的 UI-N 值,这说明 HPMC 的掺入有利于 EPS 颗粒的数量在垂直方向上的均匀性分布。

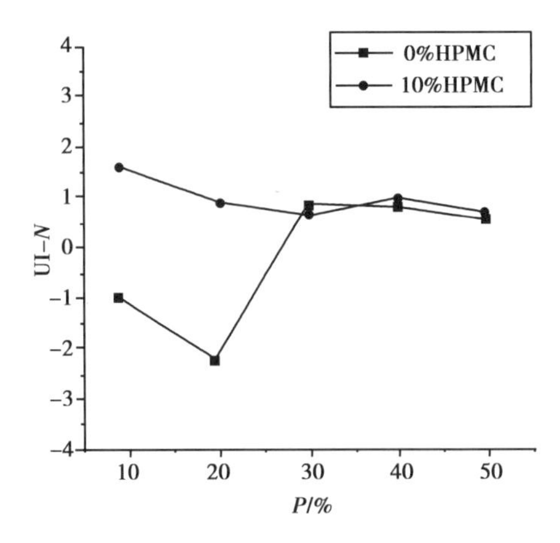

图 2.34　颗粒数量均匀指数 UI-N 与体积分数 P 的关系

(3)颗粒面积比分布情况

沿垂直方向的相对颗粒面积比与粒径均匀指数见表 2.12。在未掺入 HPMC 的情况下，A_s的值为 0.665 ~ 1.371，而其中 EPS 体积分数为 20% 时的变化最大，A_s从顶部的 1.371 变化至底部的 0.665，颗粒面积比分布均匀程度相对变化了 106%；在掺入 HPMC 的情况下，A_s的值为0.827 ~ 1.592，而其中 EPS 体积分数为 20% 时的变化最大，A_s从顶部的 0.827 变化至底部的 1.189，颗粒面积比分布均匀程度相对变化了 44%。

表 2.12　相对颗粒面积比(A_s)与粒径均匀指数(UI-A)

编号	A_{s1}	A_{s2}	A_{s3}	A_{s4}	A_{s5}	UI-A
U100	1.173	1.002	0.967	1.003	0.869	-1.014
U200	1.371	1.122	0.927	0.923	0.665	-2.691
U300	0.903	0.954	1.052	1.057	1.033	0.605
U400	0.960	0.984	1.016	1.013	1.021	0.252
U500	1.027	0.993	1.013	0.996	1.022	-0.012
U101	0.827	0.913	0.929	1.142	1.189	1.592
U201	0.949	0.999	0.977	1.040	1.040	0.372
U301	0.970	1.005	1.014	1.000	1.009	0.123
U401	1.010	1.001	0.997	1.021	1.010	0.036
U501	1.049	1.001	1.001	1.000	1.007	-0.140

如图 2.35 所示，随着试件的相对高度减小，未掺入 HPMC 试件中的 A_s值总体波动较大，尤其在体积分数为 20% 与 10% 时较为明显；而掺入 HPMC 试件中的 A_s值相对波动较小，并且整体趋势基本为随垂直方向向下增大而提升，而这意味着掺入 HPMC 的 EPS 混凝土材料的颗粒面积比沿垂直方向向下增大而增大。颗粒面积比分布规律与颗粒数量分布规律具有高度一致性，再次说明 HPMC 的掺入有效地改善了 EPS 混凝土的离析性。

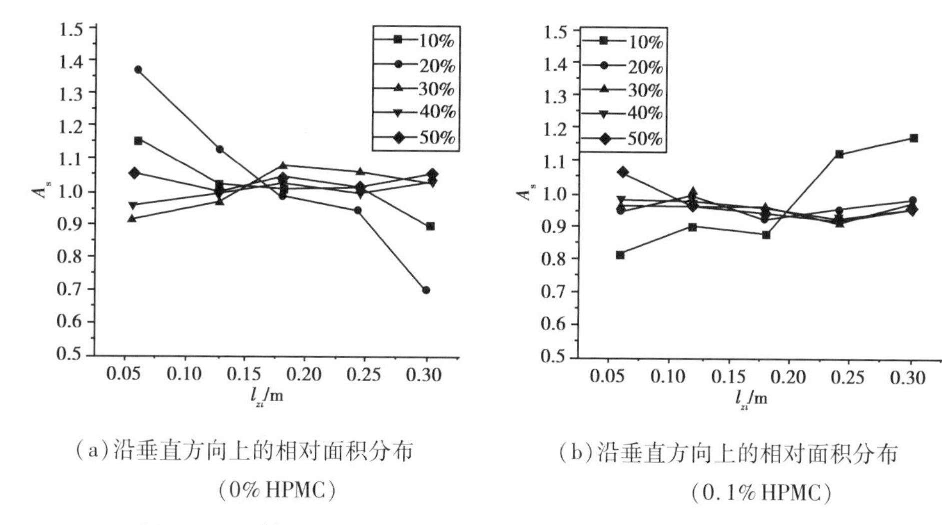

(a)沿垂直方向上的相对面积分布（0% HPMC）

(b)沿垂直方向上的相对面积分布（0.1% HPMC）

图 2.35　颗粒面积比沿垂直方向上均匀性分析（0%、0.1% HPMC）

沿垂直方向从上至下的变化情况观察到，在未掺入 HPMC 的情况下，UI-*A* 的值为 −2.691 ~ 0.605，体积分数为 20% 时 UI-*A* 绝对值(2.691)最大，而体积分数为 50% 时 UI-*A* 绝对值(0.012)最小，在体积分数为 40% 时 UI-*A* 绝对值(0.252)相对较小；在掺入 HPMC 的情况下，UI-*A* 的值为 −0.140 ~ 1.592，体积分数为 10% 时 UI-*A* 绝对值(1.592)最大，而体积分数为 50% 时 UI-*A* 绝对值(0.140)最小。如图 2.36 所示，发现在未掺入 HPMC 时，低体积分数(≤20%)的 EPS 混凝土的颗粒面积比均匀性分布不佳；而在高体积分数(≥30%)EPS 混凝土的 UI-*A* 值随体积分数的增大而降低，说明未掺入 HPMC 的 EPS 混凝土体积分数(≥30%)越大，EPS 混凝土的颗粒数量分布越均匀。在掺入 HPMC 情况下，UI-*A* 值均随体积分数的增大而降低，并在体积分数为 40% 时达到最佳，说明掺入 HPMC 的 EPS 混凝土体积分数(≤40%)越大，EPS 混凝土的颗粒面积比分布越均匀。掺入 HPMC 试件的 UI-*A* 值均优于未掺入 HPMC 试件的 UI-*A* 值，这说明 HPMC 的掺入有利于 EPS 颗粒的数量在垂直方向上的均匀性分布。同时这与颗粒数量均匀性分布的规律一致。

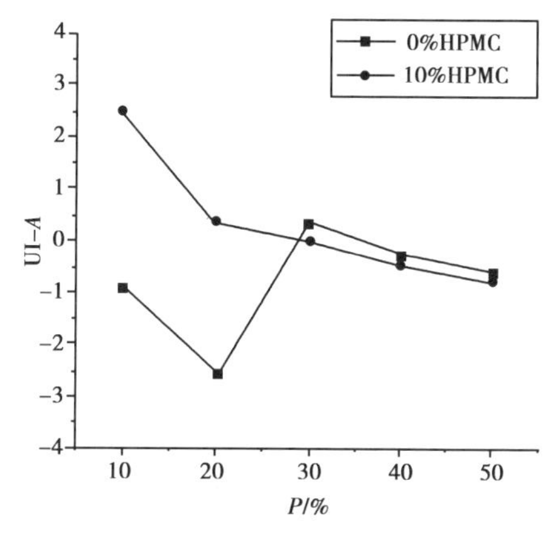

图 2.36　颗粒面积比均匀指数 UI-*A* 与体积分数 *P* 的关系

3) 密度分布情况

不同 EPS 颗粒体积分数与不同增稠剂(HPMC)掺量的 EPS 混凝土，沿垂直方向的相对密度(ρ_s)与密度均匀指数(UI-ρ)见表 2.13。在未掺入 HPMC 的情况下，ρ_s的值为0.899 ~

1.124，而其中 EPS 体积分数为 20% 时的变化最大，ρ_s从顶部的 0.899 变化至底部的1.124，密度分布均匀程度相对变化了 25%；在掺入 HPMC 的情况下，ρ_s的值为 0.978 ~ 1.025，说明掺入 HPMC 后 EPS 混凝土密度分布非常均匀，而其中 EPS 体积分数为 10% 时的变化最大，ρ_s从顶部的 1.025 变化至底部的 0.996，密度分布均匀程度相对变化了 3%。

表 2.13　相对密度（ρ_s）与密度均匀指数（UI-ρ）

编号	ρ_{s1}	ρ_{s2}	ρ_{s3}	ρ_{s4}	ρ_{s5}	UI-ρ
U100	0.946	1.025	1.023	0.997	1.009	0.161
U200	0.899	0.948	1.008	1.021	1.124	0.870
U300	1.036	1.018	0.974	0.977	0.994	-0.206
U400	1.042	0.997	0.982	0.990	0.989	-0.188
U500	1.018	1.010	0.981	0.996	0.996	-0.097
U101	1.025	1.020	1.000	0.977	0.978	-0.228
U201	1.020	0.999	0.995	0.996	0.991	-0.104
U301	1.021	0.995	0.985	0.995	1.004	-0.058
U401	1.016	1.001	0.995	0.982	1.005	-0.066
U501	1.026	0.999	0.989	0.986	1.000	-0.107

如图 2.37 所示，随着试件的相对高度减小，未掺入 HPMC 试件中的 ρ_s值总体波动较大，尤其在体积分数为 10% 与 20% 时较为明显；而掺入 HPMC 试件中的 ρ_s 值相对波动较小，并且整体趋势基本为随垂直方向向下增大而略微减小，而这意味着掺入 HPMC 的 EPS 混凝土材料的密度沿垂直方向向下增大而略微减小。从密度分布的角度再次证明了 HPMC 的掺入有效改善了 EPS 混凝土的不均匀性现象。

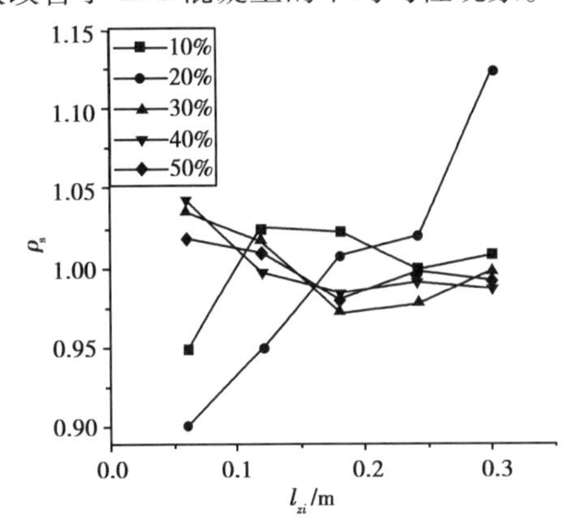

（a）沿垂直方向上的相对密度分布（0% HPMC）

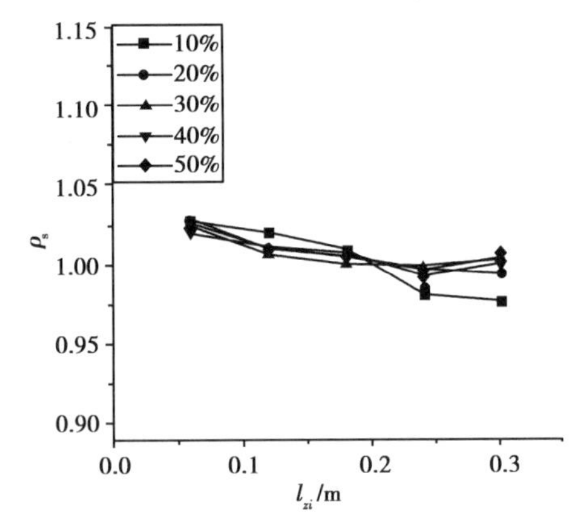

（b）沿垂直方向上的相对密度分布（0.1% HPMC）

图 2.37　密度沿垂直方向上均匀性分析（0%、0.1% HPMC）

沿垂直方向从上至下的变化情况观察到，在未掺入 HPMC 的情况下，UI-ρ 的值为 -0.206 ~ 0.870，体积分数为 20% 时 UI-ρ 绝对值（0.870）最大，而体积分数为 50% 时 UI-ρ 绝对值（0.097）最小，在体积分数为 40% 时 UI-ρ 绝对值（0.188）也相对较小；在掺入 HPMC 的情况下，UI-ρ 的值为 -0.228 ~ -0.058，体积分数为 10% 时 UI-ρ 绝对值（0.228）最大，而体积分数为 30% 时 UI-ρ 绝对值（0.058）最小，在体积分数为 40% 时 UI-ρ 绝对值（0.066）相对较小。如图 2.38 所示,发现在未掺入 HPMC 时,低体积分数(≤20%)的 EPS 混凝土的密度均匀性分布不佳;而在高体积分数(≥30%)EPS 混凝土的 UI-ρ 值随体积分数的增大而增大,说明未掺入 HPMC 的 EPS 混凝土体积分数(≥30%)越大,EPS 混凝土的密度分布越均匀。在掺入 HPMC 的情况下,UI-ρ 值均随体积分数的增大而降低,并在体积分数为 40% 时达到最佳,说明掺入 HPMC 的 EPS 混凝土体积分数(≤40%)越大,EPS 混凝土的密度分布越均匀。掺入 HPMC 试件的 UI-ρ 值均优于未掺入 HPMC 试件的 UI-ρ 值,这说明 HPMC 的掺入有利于 EPS 混凝土密度在垂直方向上的均匀性分布。同时这与颗粒数量、面积比均匀性分布的规律一致。

与其他相关研究对比发现,如图 2.39 所示,大多数的研究中普通 EPS 混凝土的上部和下部都呈现较大的相对密度的波动情况,即 EPS 混凝土均匀性能不佳。但可以看出,在 Li,Chao 研究的 B10 以及本书的 U201 在掺入增稠剂的情况下,其沿垂直方向上的相对密度有了明显的改善,曲线相对平稳无明显的波动情况,混凝土拥有较好的均匀性能。这种分布情况再次证明了增稠剂对均匀性的改善作用,同时说明本书所提出的相对均匀性参数与均匀指数,能有效地用于 EPS 混凝土均匀性的多维度定量分析。

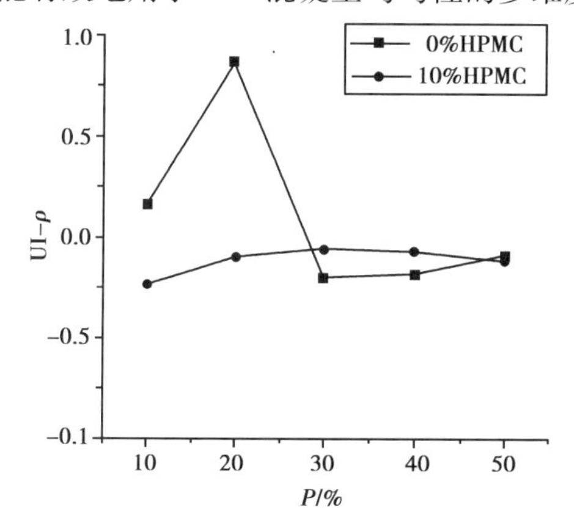

图 2.38 密度均匀指数 UI-ρ 与体积分数 P

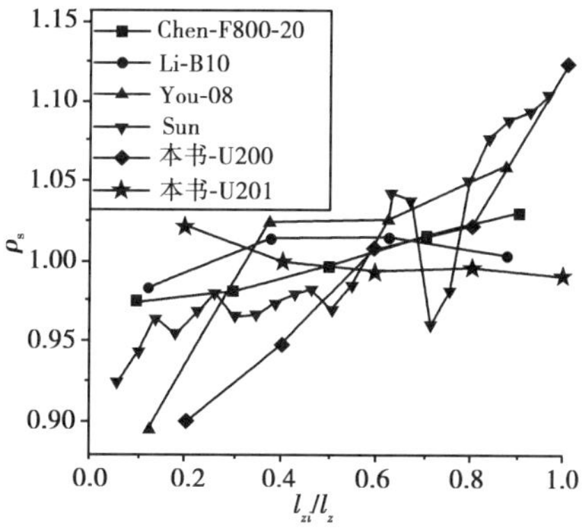

图 2.39 均匀性相关研究对比

4)超声波速(UPV)分布情况

沿垂直方向的相对 UPV 与 UPV 均匀指数见表 2.14。在未掺入 HPMC 的情况下,V_s 的值为 0.899 ~ 1.071,而其中 EPS 体积分数为 20% 时的变化最大,V_s 从顶部的 0.899 变化至底部的 1.071,UPV 分布均匀程度相对变化了 19%;在掺入 HPMC 的情况下,V_s 的值为 0.970 ~ 1.023,而其中 EPS 体积分数为 10% 时的变化最大,V_s 从顶部的 1.023 变化至底部的 0.978,UPV 分布均匀程度相对变化了 5%。

表 2.14 相对 UPV(V_s)与 UPV 均匀指数(UI-V)

编号	V_{s1}	V_{s2}	V_{s3}	V_{s4}	V_{s5}	UI-V
U100	0.920	1.005	1.023	1.014	1.038	0.409
U200	0.899	0.993	1.013	1.025	1.071	0.627
U300	1.000	1.003	1.001	0.994	1.002	-0.009
U400	1.002	1.008	0.992	0.994	1.003	-0.017

续表

编号	V_{s1}	V_{s2}	V_{s3}	V_{s4}	V_{s5}	UI-V
U500	1.005	1.003	0.999	1.001	0.992	-0.044
U101	1.023	1.018	1.011	0.970	0.978	-0.233
U201	0.967	1.005	1.004	1.007	1.017	0.172
U301	0.973	1.012	1.008	1.000	1.007	0.095
U401	0.997	1.007	1.000	0.997	0.999	-0.010
U501	0.964	1.007	1.015	1.002	1.012	0.151

如图2.40所示，随着试件的相对高度减小，未掺入HPMC试件中的V_s值总体波动较大，尤其在体积分数为10%与20%时较为明显；而掺入HPMC试件中的V_s值相对波动较小。

沿垂直方向从上至下的变化情况观察到，在未掺入HPMC的情况下，UI-V的值为-0.017~0.627，体积分数为20%时UI-V绝对值(0.627)最大，而体积分数为30%时UI-V绝对值(0.009)最小，在体积分数为40%时UI-V绝对值(0.017)相对较小；在掺入HPMC的情况下，UI-V的值为-0.233~1.51，体积分数为10%时UI-V绝对值(0.233)最大，而体积分数为40%时UI-V绝对值(0.010)最小。如图2.41所示，EPS混凝土在低体积分数(≤20%)时，掺入或未掺入HPMC的试件UPV均匀性分布皆不佳，而未掺入HPMC试件的UPV分布不均匀性程度更大。EPS混凝土体积分数为40%时，掺入或未掺入HPMC的试件UPV均匀性分布均为最佳。对于相对颗粒数量、面积比与密度的均匀性分布规律而言，趋势大致一致但具体对应值相对离散，这可能是在试验过程中，某些试件切割表面不够平整，而UPV的信号采集过于敏感所致。

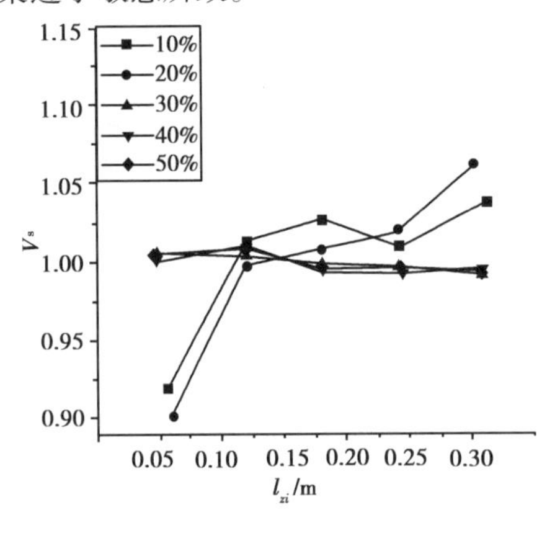

(a)沿垂直方向上的相对UPV分布
(0% HPMC)

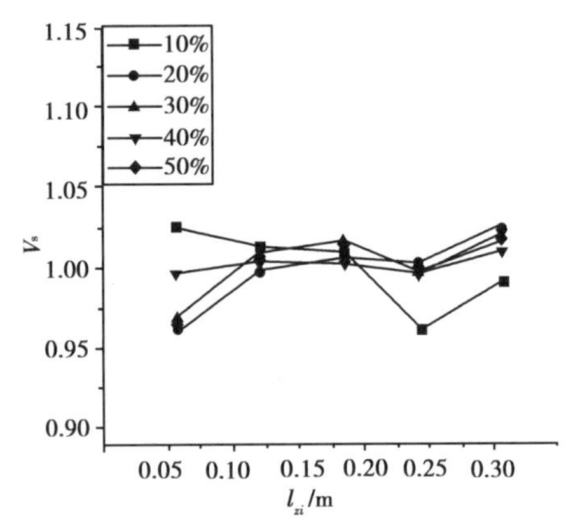

(b)沿垂直方向上的相对UPV分布
(0.1% HPMC)

图2.40　UPV沿垂直方向上均匀性分析（0%、0.1% HPMC）

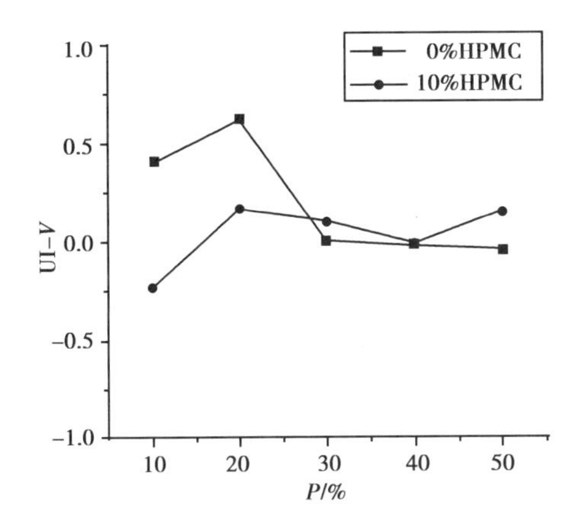

图 2.41 UPV 均匀指数 UI-V 与体积分数 P 的关系

5)均匀性量化模型

EPS 颗粒复合墙板具有与其他装配式建筑轻质墙板完全的不同均匀性特征,以及其芯材的复合、多孔的材料特性,使得传统水泥基材料的定量分析方法难以直接用于 EPS 颗粒复合墙板的整体材料性能。而现有的量化方法具有较大的局限性,如现有密度分层法与图像处理法基本都存在对样品尺寸过小,不足以能完全揭示 EPS 颗粒沿垂直方向的分布规律,并且在测试的过程中需要将试件进行剖切处理,这对复合墙板在工程应用中的实际均匀性检测提出了很大的挑战。

对 EPS 混凝土芯材类的复合墙板整体分布不均匀性进行分析,需要找到能反映其真实不均匀性的特征参数,从各个维度探寻复合墙板材料的局部性能差异性问题,分析在整块墙板中真实反映本质分布规律的特征参数,提出适用于工程应用中方便获取的不均匀分布量化指标。根据上一节的分析发现,对于 EPS 混凝土均匀性而言,EPS 颗粒的数量(S)、面积比(A)、密度(ρ)及超声波速(V)与沿高度方向上的均匀性分布特性具有高度相关性,可作为复合墙板均匀性特征的量化参数。而 EPS 颗粒的面积比与数量均匀性分布具有一致性,且 EPS 颗粒的面积比(二维空间参数)可较为精确地与 EPS 混凝土实际的体积分数(三维空间参数)进行等效,最终选择 EPS 颗粒的面积比(A)、密度(ρ)及超声波速(V)作为复合墙板均匀性量化模型特征参数。

通过将 3 个均匀性量化参数进行交互关系分析,发现它们之间呈高度相关性,且都近似于线性关系。EPS 颗粒面积比与密度、超声波速的关系如图 2.42 所示,近似于线性递增关系。随着 EPS 颗粒面积比的增长,EPS 混凝土的密度和超声波速都在不断减小。EPS 颗粒面积比从 7.8% 提升到 54.6% 左右时,密度减少了 62.5%,超声波速减少量高达 69.6%。

$$\rho = -22.37A + 1\,936.98 \tag{2.17}$$

$$A = -33.41V + 136.62 \tag{2.18}$$

$$V = -0.024A + 3.90 \tag{2.19}$$

式中 ρ—— EPS 混凝土密度,kg/m^3;

A—— EPS 混凝土颗粒面积比,%;

V—— 通过 EPS 混凝土超声波速,km/s。

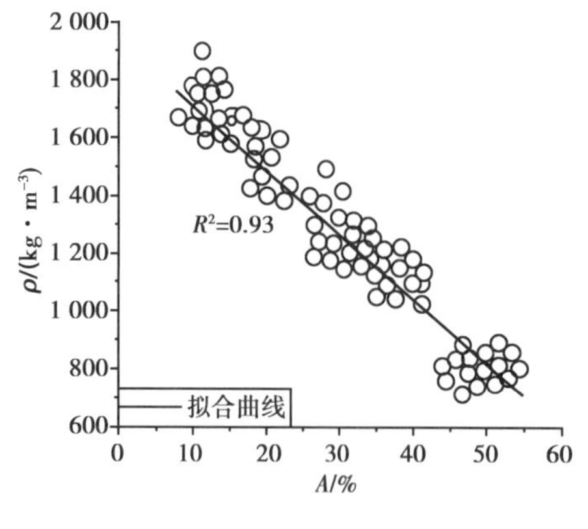

(a)颗粒面积比(A)与密度(ρ)的关系

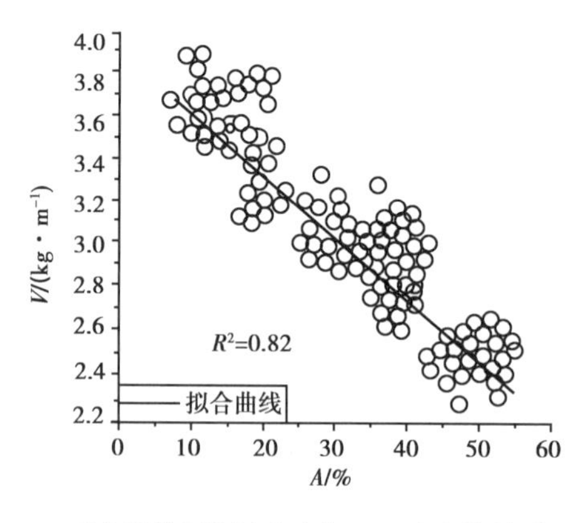

(b)颗粒面积比(A)与UPV(V)的关系

图2.42　均匀性参数量化模型

对上述参数关系进行线性拟合,拟合公式分别为式(2.17)、式(2.18),两式进行联立得到式(2.19)。通过以上公式可对改性芯材材料中的EPS颗粒的面积比(A)、密度(ρ)及超声波速(V)进行相互等效,进而对沿垂直方向上不同位置进行均匀性量化分析。特别是引入了超声波速(V)这一均匀性量化参数,更是为之后装配式建筑复合墙板在实际工程中均匀性分析的无损检测提供了方便、可行的研究思路。

通过对比相关的研究发现,本书的结果趋势与其他研究相似,皆为密度随EPS体积分数的增加而减小,如图2.43(a)所示,而具体数值有所波动是所采用的基质材料的配合比并不完全不一致所导致。对于体积分数与超声波的关系而言,本书的结果同样与其他研究相似,如图2.43(b)所示,都是随体积分数的增大而减弱,这是EPS颗粒多孔的内部结构使超声波脉冲在通过时能量被大幅度吸收,并且阻碍超声波的传递速度所致。

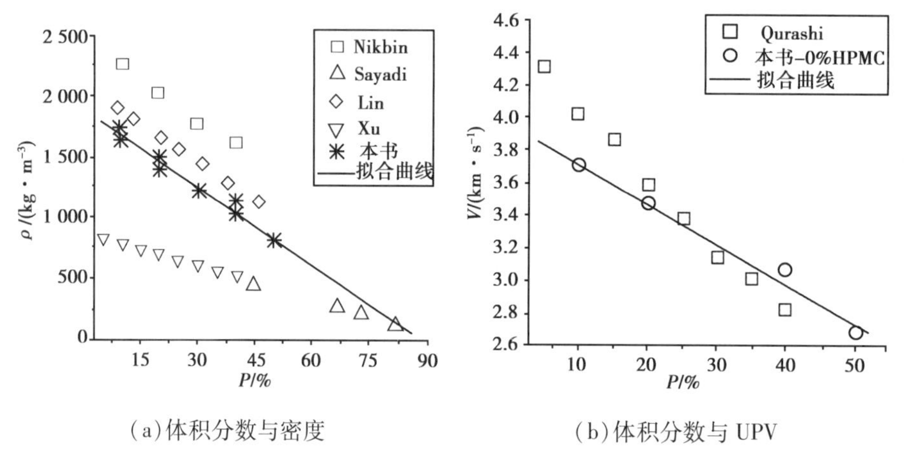

(a)体积分数与密度　　(b)体积分数与UPV

图2.43　EPS混凝土体积分数与密度、UPV关系

2.2.4　微观结构分析

羟丙基甲基纤维素醚(HPMC)增稠剂的存在改善了EPS混凝土浆体的黏稠程度,使其流动度能降低,而拌和时引入的气孔更不易向上消散,导致浆体中存在大量小气泡,如图2.44(b)所示,位置相近的小气泡聚集在一起,汇集成更大的气泡,该结果与前述HPMC的

掺入导致混凝土密度降低的结论一致。这个现象主要是加入 HPMC 后提升了浆体的黏稠程度,导致在混凝土拌和过程中引入的气泡更不易上浮消除。同时,HPMC 作为一种表面活性剂提升了 EPS 颗粒表面的亲水性能,而这有力地解释 EPS 颗粒能在 HPMC-EPS 混凝土中更均匀地分布在基体的各个部分,从而抑制 EPS 混凝土的离析现象。如图 2.44 所示,EPS 颗粒与基体黏合在一起,它们之间有较好的结合力,界面过渡区(ITZ)相对致密。这表明 EPS 颗粒与掺入硅灰的 EPS 混凝土浆体具有良好的相容性,不需要添加其他表面活性剂,而 HPMC 对 EPS 混凝土的 ITZ 基本没有影响。

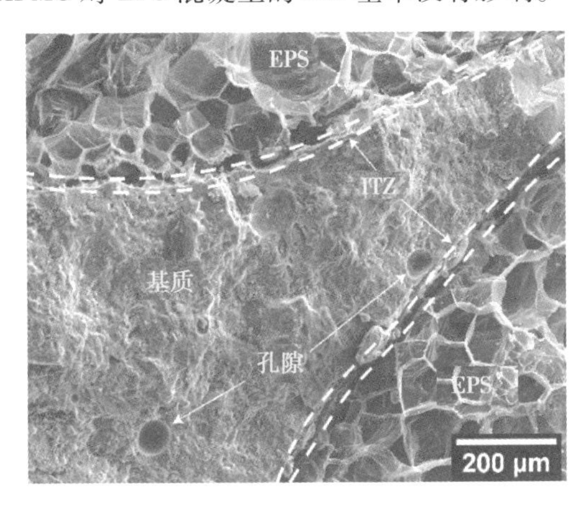

(a)U400-100x

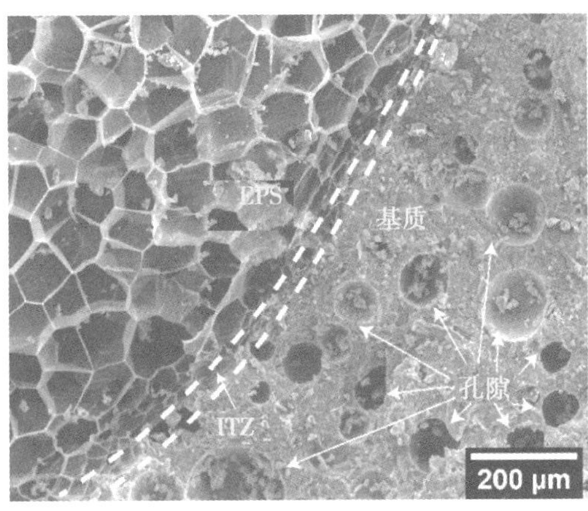

(b)U401-100x

图 2.44 EPS 颗粒结构与基质孔隙微观形貌

(a)U400-10000x

(b)U401-10000x

图 2.45 水化产物微观形貌

在水泥基材料中添加羟丙基甲基纤维素(HPMC)会延缓其水化反应,而这可能是 HPMC 的吸附效应所导致。HPMC 会吸附到水泥颗粒和水化产品上,阻挠水泥颗粒的溶解和水化产品的结晶,然后推迟水泥的水化和凝聚。如图 2.45 所示,添加 HPMC 的样品明显比未添加 HPMC 的样品生成的水化产物要少。显著的变化是钙矾石(Ettringite)的构成被推迟,添加了 HPMC 的样品几乎未见其针状晶体结构。这也意味着,相同龄期下 HPMC-EPS 混凝土力学性能会有所影响,而这可能是随着 HPMC 的掺量增大而降低的原因。

2.2.5 XRD 分析

对待测试件进行 XRD 样品采集,XRD 样品编号分别命名为 0% HPMC 与 0.1% HPMC。在经过前处理后对样品进行 X 射线衍射分析,得到 28 d 标准龄期下不同 HPMC 掺量 EPS 混凝土水泥基材料的 XRD 图谱,如图 2.46 所示。

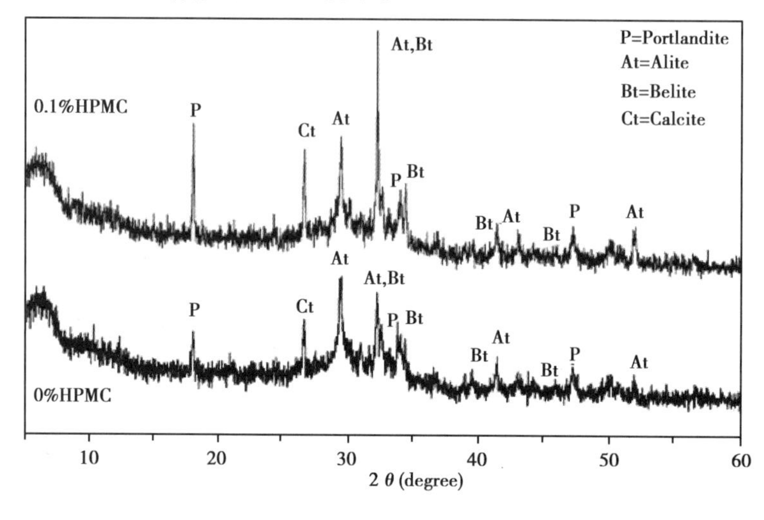

图 2.46 XRD 衍射图谱 (0% 、0.1% HPMC)

不同 HPMC 掺量水泥基体的产物大体相同,主要的物相有方解石相(Calcite)和氢氧化钙相(Portlandite)晶体,它们属于常见的水化产物;以及观测到的硅酸三钙石相(Alite)和二钙硅酸盐相(Belite),它们属于常见的未水化产物,一般是未水化的水泥熟料颗粒。如图 2.46所示,与未掺入 HPMC 的样品相比,掺入 HPMC 样品在 28 d 龄期时的 Alite 和 Belite 物相衍射峰都较为显著,说明样品中 Ca_3SiO_3 和 Ca_2SiO_4 的含量更多,试件内部对未水化颗粒的消耗量很小,水化程度也相对较小。并且掺入 HPMC 后样品的 Portlandite 峰值较强,说明羟丙基甲基纤维素醚(HPMC)这种增稠剂的掺入不但抑制了水泥颗粒的水化反应,还抑制了活性粉末(SiO_2)与 $Ca(OH)_2$ 的二次水化反应,对 $Ca(OH)_2$ 的消耗很少。

2.2.6 最优配合比

HPMC 的掺入虽能提升 EPS 混凝土改性芯材材料的均匀性能,但在高体积分数(≥30%)时改善效果不大,并且 HPMC 会影响水泥基材料的水化反应,从而对力学性能有负面影响。综合体积分数变化在各均匀性能上的表现,最终选用编号 U400 的 EPS 体积分数(40%)与 HPMC 掺量(0%)作为后续研究配合比。

2.3 聚苯颗粒混凝土力学性能优化研究

当 EPS 混凝土复合墙板用于装配式建筑围护体系时，复合墙板芯材需要具备一定的密度、抗压强度、劈裂抗拉强度、导热系数、干燥收缩率等。密度与 EPS 混凝土的体积分数高度相关，但为了提升力学性能而相应地大幅度提高密度又是不可取的，改性的重点就在于 EPS 混凝土高体积分数的情况下提升其力学性能。本节通过以均匀性能最佳的 EPS 混凝土为基础材料，采用不同种类的纤维作为改性材料，基于正交试验法设计试验，通过材料与力学性能测试并进行直观分析，确定改性芯材的最优配合比，并探讨龄期对改性芯材的影响。

2.3.1 试验原材料与优化设计

1）试验原材料

本试验用以混凝土增强所采用的纤维分别为聚丙烯纤维、玻璃纤维、碳纤维，纤维宏观形貌如图 2.47—图 2.49 所示，各纤维的主要技术指标见表 2.15。

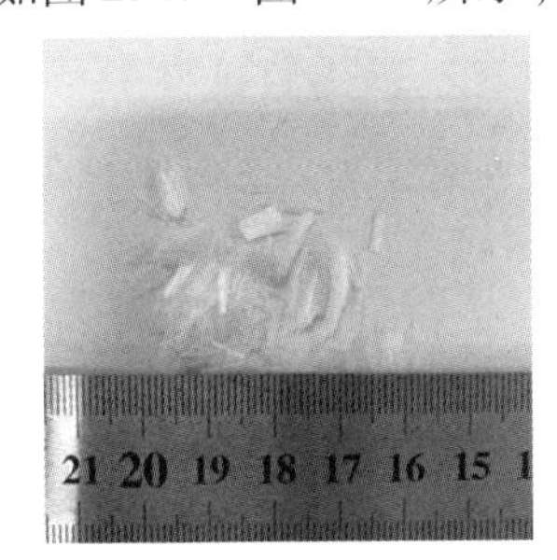

图 2.47　聚丙烯纤维宏观形貌

图 2.48　玻璃纤维宏观形貌

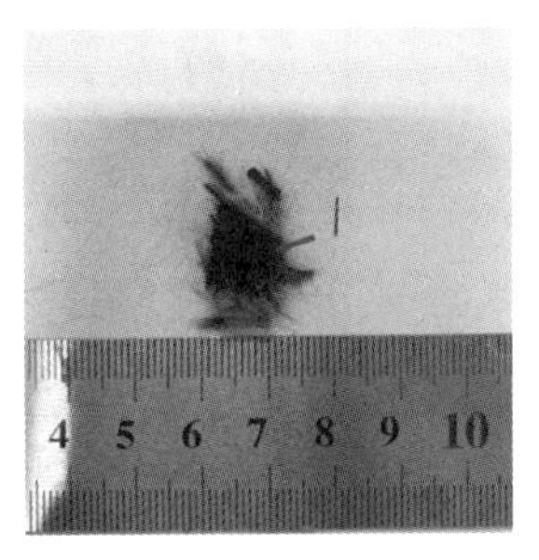

图 2.49　碳纤维宏观形貌

表 2.15　纤维物理性能

纤维种类	密度 /(g · cm^{-3})	抗拉强度 /MPa	弹性模量 /MPa	断裂伸长率 /%
聚丙烯纤维(PF)	0.91	360	4 236	28.40
玻璃纤维(GF)	2.5	469	4 286	21.60
碳纤维(CF)	1.80	4 900	240 000	2.10

本书采用的聚丙烯短切纤维类型为束状单丝；采用的玻璃纤维为短切丝；采用的碳纤维类型为无捻纤维，每一束碳纤维中包含 12 000 根纤维丝。3 种纤维所选用长度规格分别为 6 mm、9 mm、12 mm。

2）力学性能优化设计

正交试验设计（Orthogonal experimental design，OED）是一种常用的试验设计方法，它既能大大降低试验次数，又能达到较好的统计效果，通过设计正交试验表巧妙地安排试验，利用试验结果进行统计分析，可找出最优的试验方案。本书运用正交试验法对复合墙板芯材材料试验数据进行统计分析，依据提供的因素与指标趋势关系，选取对应性能的最优组合。

通过改性芯材力学性能优化的目的，采用掺入纤维的形式对其进行提升，而影响力学性能优化效果的可控制因素有纤维不同种类、长度及掺量，其中纤维种类为定性分析因素，根据纤维种类的对应关系将其转化为纤维抗拉强度定量分析因素。优化正交设计选取以纤维抗拉强度、纤维长度以及纤维掺量为改性的3种因素，根据前期单因素试验选取不同因素的3种水平范围，见表2.16。采用三因素三水平的 $L_9(3^3)$ 正交设计试验表见表2.17。

表2.16 正交设计因素-水平表

水平	因素		
	A-纤维抗拉强度/MPa	B-纤维长度/mm	C-纤维掺量/%
1	360	6	0.5
2	469	9	1.0
3	4 900	12	1.5

表2.17 正交设计试验表

编号	纤维抗拉强度	纤维长度	纤维掺量
P0605	1	1	1
G0905	2	2	1
C1205	3	3	1
C0910	3	2	2
G0610	2	1	2
P1210	1	3	2
P0915	1	2	3
G1215	2	3	3
C0615	3	1	3

详细配合比设计见表2.18，基本EPS混凝土配合比采用2.2.6节确定的均匀性最佳配合比，并在正交试验设计的基础上增加未进行纤维改性的EPS混凝土(R08)作为对照组。在配合比设计中将纤维抗拉强度定性为所对应的纤维种类，分别为聚丙烯纤维(PF)、玻璃纤维(GF)及碳纤维(CF)，其中试件编号含义为纤维种类、纤维长度及纤维掺量，如P0605代表试件所用纤维为6 mm的聚丙烯纤维，掺量为0.5%。

表 2.18 纤维增强 EPS 混凝土配合比设计

编号	水泥/(kg·m^{-3})	硅灰/(kg·m^{-3})	水/(kg·m^{-3})	河砂/(kg·m^{-3})	减水剂/(kg·m^{-3})	EPS/(kg·m^{-3})	纤维		
							种类	长度/mm	掺量/(kg·m^{-3})
R08	508.91	127.23	152.67	407.12	4.07	10	—	—	—
P0605	508.91	127.23	152.67	407.12	4.07	10	PF	6	4.55
G0905	508.91	127.23	152.67	407.12	4.07	10	GF	9	12.50
C1205	508.91	127.23	152.67	407.12	4.07	10	CF	12	9.10
C0910	508.91	127.23	152.67	407.12	4.07	10	CF	9	18.20
G0610	508.91	127.23	152.67	407.12	4.07	10	GF	6	25.00
P1210	508.91	127.23	152.67	407.12	4.07	10	PF	12	9.10
P0915	508.91	127.23	152.67	407.12	4.07	10	PF	9	13.65
G1215	508.91	127.23	152.67	407.12	4.07	10	GF	12	37.50
C0615	508.91	127.23	152.67	407.12	4.07	10	CF	6	27.30

2.3.2 试验方案

通过对正交设计的 EPS 混凝土芯材材料进行新拌混凝土性能、干密度、吸水率、超声波速、抗压强度、劈裂抗拉强度、轴心抗压强度、静弹性模量以及微观特性进行测试，并基于正交分析结果选择最优配合比组合的 EPS 混凝土改性芯材材料后，进行多龄期的干密度、抗压性能、劈裂抗拉性能、导热性能以及微观特性进行测试和分析。

1）试件制备与养护

纤维 EPS 混凝土的制备方法如图 2.50 所示。在本次试验制备中增添了纤维的加入，制备过程应特别注意：在将浆体拌匀后，至 EPS 颗粒掺入之前，加入纤维至混合物中；在纤维掺入过程中需要保证混合物始终处于匀速搅拌状态，将纤维尽量分开后，在搅拌机的上方少量多次尽可能均匀地撒入，以避免纤维在混凝土中团聚、结块。

本章的正交试验设计与基本配合比对照组的龄期都设置为 28 d 标准龄期，最优配合比纤维改性 EPS 混凝土材料的龄期设置为 7 d、14 d、28 d、56 d 及 90 d。

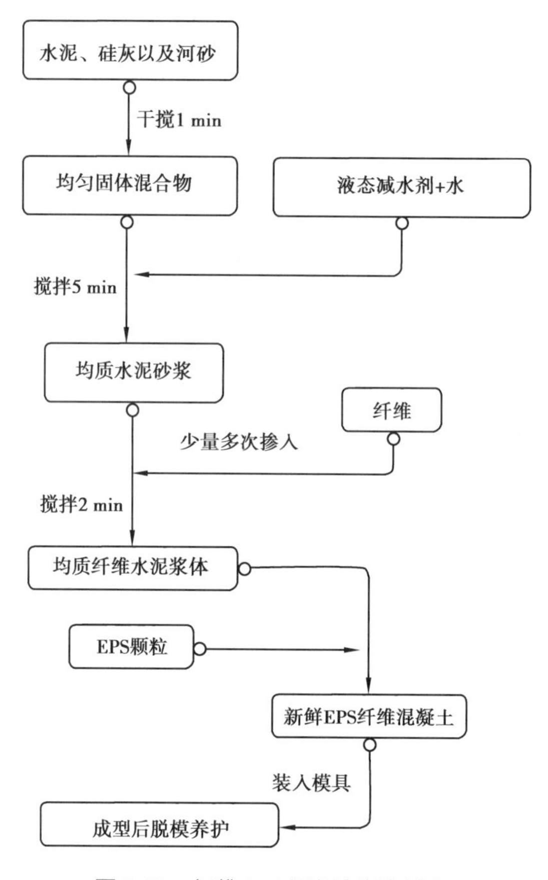

图 2.50　纤维 EPS 混凝土制备流程

2) 试验方法

(1) 材料性能

①干密度、吸水率及新拌混凝土性能。

纤维改性 EPS 混凝土材料的坍落度与扩展度都参考《普通混凝土拌合物性能试验方法标准》(GB/T 50080—2016)进行。为了以防温度过高使得材料中的 EPS 颗粒处于熔融状态,改性芯材材料的干密度与吸水率测试参考《泡沫混凝土》(JG/T 266—2011)进行,试件尺寸为 100 mm × 100 mm × 100 mm,将试件放置于(60 ± 5)℃的恒温干燥箱,烘干至恒重,按式(2.1)计算试件干密度。冷却至室温后,放入恒温水池,通过逐级浸泡以保障其处于饱和状态,按式(2.20)计算试件吸水率,每组测试 3 个试件,取计算结果平均值。

$$W = \frac{m_g - m_0}{m_0} \times 100 \tag{2.20}$$

式中　W—— 吸水率,%;

m_0—— 试件烘干后的质量,g;

m_g—— 试件吸水后的质量,g。

②干燥收缩率。

纤维改性 EPS 混凝土材料中含有大量 EPS 颗粒,若试件尺寸太小会造成尺寸效应,影响最终测试结果的准确性,干燥收缩性能参考《普通混凝土长期性能和耐久性能试验方法标准》(GB/T 50082—2009)进行,试件尺寸为 100 mm × 100 mm × 515 mm,在温度为(20 ± 2)℃,湿度为(60 ± 5)% 的恒温干缩养护箱养护至相应龄期,并用标准的混凝土收缩膨胀测定仪进行测量,按式(2.21)计算试件分别在 1 d、3 d、7 d、14 d、28 d、45 d、60 d、90 d 及 120 d 的收缩率,每组测试 3 个试件,取计算结果平均值。

$$\varepsilon_{st} = \frac{L_0 - L_t}{L_b} \tag{2.21}$$

式中　ε_{st}—— 试验期为 t(d)的混凝土收缩率;

L_b—— 试件测量标距,mm;

L_0—— 试件的长度初始读数,mm;

L_t—— 试件在试验期为 t(d)的长度初始读数,mm。

③超声波脉冲速度(UPV)。

UPV 测试方法与第 2.2.2 节试验方法一致。

④导热性能。

改性芯材材料的导热系数的测定参考《绝热材料稳态热阻及有关特性的测定　防护热板法》(GB 10294—2008)进行,试件尺寸为 300 mm × 300 mm × 30 mm。试验采用 SK-DR300B + 型平板导热仪,如图 2.51 所示,依据防护热板法测试原理,对试件进行导热系数的测量,测试 3 个试件,取计算结果平均值。

图 2.51　SK-DR300B + 型平板导热仪

(2)力学性能

改性芯材材料试件在试验前放在温度为(60 ± 5)℃的恒温干燥箱,烘干至恒重后再进行试验。改性芯材材料的抗压强度与劈裂抗拉强度的试件尺寸皆为 100 mm × 100 mm × 100 mm,轴心抗压强度与静弹性模量试件尺寸为 150 mm × 150 mm × 300 mm。其中,抗压强度测试按照 2.1.2 节试验方法进行,劈裂抗拉、轴心抗压强度与静弹性模量的测试参考《混凝土物理力学性能试验方法标准》(GB/T 50081—2019)进行,静弹性模量的测试如图 2.52 所示。按照式(2.2)、式(2.22)—式(2.24)分别计算改性芯材材料试件的抗压强度、劈裂抗拉强度、轴心抗压强度与静弹性模量,每组测试 3 个试件,取计算结果平均值。

图 2.52　静弹性模量测试

$$f_{ts} = \frac{2F}{\pi A} \tag{2.22}$$

式中　f_{ts}—— 试件劈裂抗拉强度,MPa;

F—— 试件破坏荷载,N;

A—— 试件受压面积,mm^2。

$$f_{cp} = \frac{F}{A} \tag{2.23}$$

式中　f_{cp}—— 试件轴心抗压强度,MPa;

F—— 试件破坏荷载,N;

A—— 试件受压面积,mm^2。

$$E_c = \frac{F_a - F_0}{A} \times \frac{L}{\varepsilon_a - \varepsilon_0} \tag{2.24}$$

式中　E_c—— 静弹性模量,MPa;

F_a—— 应力为 1/3 轴心抗压强度时的荷载,N;

F_0—— 应力为 0.5 MPa 时的荷载,N;

A—— 试件受压面积,mm^2;

L—— 测量标距,mm;

ε_a—— 最后一次加载至 F_a 时的两侧变形平均值,mm;

ε_0—— 最后一次加载至 F_0 时的两侧变形平均值,mm。

(3)微观和 XRD 测试

SEM 微观形貌的观察与 XRD 物相分析分别按第 2.2.4 节和第 2.2.5 节的测试方法进行。

2.3.3 纤维种类、长度及掺量的影响

1)材料性能

对正交试验设计下的纤维改性混凝土材料与对照组 R08 进行新拌混凝土性能、干密度、吸水率、干燥收缩率以及超声波速进行测试,材料性能试验结果见表 2.19,并对正交试验的结果进行均值响应和方差分析,并探究各个因素的多种水平对复合墙板芯材的材料性能的影响。

表 2.19 正交试验结果:材料性能

编号	坍落度/mm	扩展度/mm	干密度/($kg \cdot m^{-3}$)	吸水率/%	UPV/($km \cdot s^{-1}$)
R08	196	274.5	1 036.60	5.5	2.86
P0605	115	259.5	1 043.71	6.1	2.83
G0905	10	198	1 083.38	3.5	3.02
C1205	7	194	1 045.44	5.4	2.91
C0910	1	203	1 151.20	4.5	3.02
G0610	12	207	1 069.16	4.4	3.01
P1210	72	216	1 118.93	4.4	2.90
P0915	11	199.5	986.42	5.9	2.74
G1215	2	198.5	1 085.07	9.5	3.00
C0615	1	203	1 097.71	5.7	2.92

(1)坍落度

正交试验下纤维 EPS 混凝土改性芯材的坍落度为 1 ~ 115 mm,见表 2.19,最大出现在编号为 P0605 的组合,最小出现在 C0615 的组合,而未掺入纤维的芯材材料对照组的坍落度为 196 mm,说明纤维的掺入在很大程度上提升了改性芯材浆体的稠度。

表 2.20 对纤维 EPS 混凝土改性芯材的坍落度进行了方差分析,比较各影响因素的 P 值可知,改性芯材材料坍落度影响因素的主要顺序为纤维抗拉强度 > 纤维掺量 > 纤维长度,对复合芯材材料坍落度的改性更应关注纤维抗拉强度因素。

如图 2.53 所示,对其进行均值响应分析后发现,增大纤维的抗拉强度会降低芯材材料的坍落度。对于纤维长度而言,芯材材料坍落度最大时出现在纤维长度为 6 mm 时,而最小出现在水平长度为 9 mm 时。随着纤维掺量的提升,改性芯材材料坍落度呈等效下降的趋势。这个现象的出现是由于掺入纤维后增加混合物的黏稠程度,并且纤维在混凝土中形成的网状结构能有效地抑制 EPS 颗粒的离析。

表 2.20　坍落度方差分析表

方差来源	自由度	平方和	均方	F 值	P 值
抗拉强度	2	7 358	3 679	5.62	0.151
长度	2	1 881	940.3	1.44	0.41
掺量	2	2 353	1 176.3	1.8	0.357
误差	2	1 309	654.3	—	—
合计	8	12 900	—	—	—

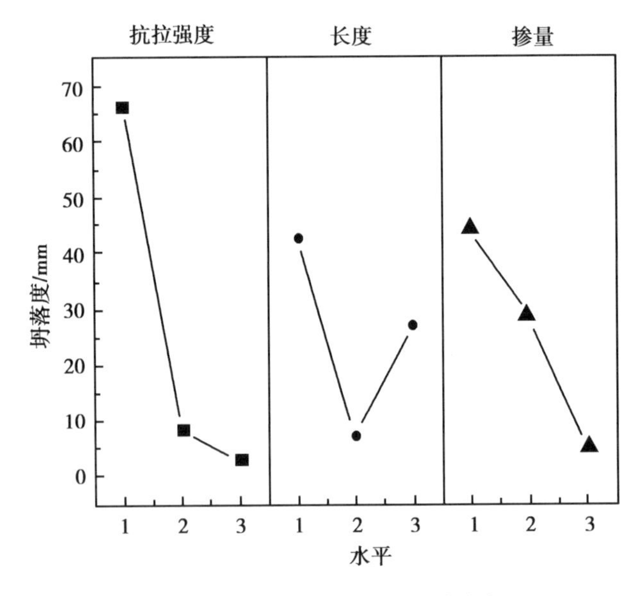

图 2.53　改性芯材坍落度均值响应

(2)扩展度

正交试验下纤维 EPS 混凝土改性芯材的扩展度为 194 ~ 259.5 mm,见表 2.19,最大出现在编号为 P0605 的组合,最小出现在 C1205 的组合。而未掺入纤维的芯材材料对照组的扩展度为 274.5,这说明纤维的掺入降低了改性芯材新拌混凝土的流动度能,可能会导致复合墙板芯材材料的工作性能降低。

通过对纤维 EPS 混凝土改性芯材的扩展度进行方差分析,见表 2.21,比较各因素的 P 值后发现,改性芯材材料扩展度影响因素的主要顺序为纤维抗拉强度 > 纤维长度 > 纤维掺量,对于复合芯材材料扩展度而言更应关注纤维抗拉强度因素。

对其进行均值响应分析后发现,增大纤维的抗拉强度会降低其扩展度。而对于纤维长度因素而言,扩展度最大出现在长度为 6 mm 时,其最小出现在水平长度为 9 mm 时。随着纤维掺量的提升,材料扩展度随之降低。如图 2.54 所示,扩展度的影响规律与坍落度一致。掺入纤维后普遍降低了 EPS 混凝土的新鲜混凝土性能,这主要是由于均匀分布在混凝土中的纤维的“夹持”作用,这种作用减少了混凝土表面的渗水和 EPS 颗粒的沉降,提高了混凝土的黏度。

表 2.21 扩展度方差分析表

方差来源	自由度	平方和	均方	F 值	P 值
抗拉强度	2	1 194.4	597.2	1.83	0.353
长度	2	949.6	474.8	1.46	0.407
掺量	2	425.1	212.5	0.65	0.605
误差	2	652.1	326	—	—
合计	8	3 221.1	—	—	—

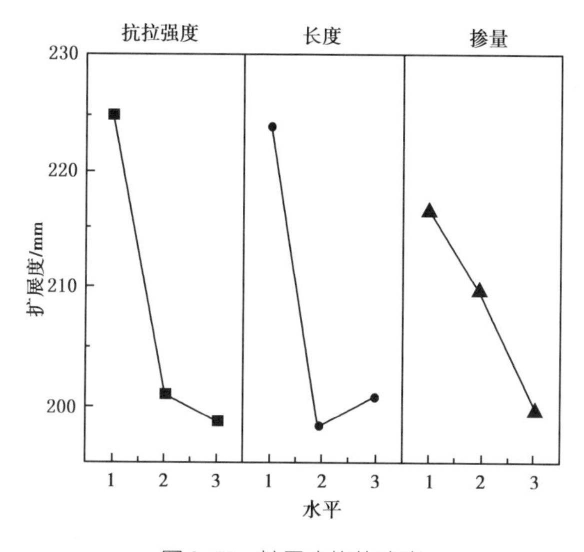

图 2.54 扩展度均值响应

(3) 干密度

正交试验下纤维 EPS 混凝土改性芯材的干密度为 986.42 ~ 1 151.2 kg/m^3，见表 2.19，最大出现在编号为 P1210 的组合，最小出现在编号为 P0915 的组合。而未掺入纤维的芯材材料对照组的干密度为 1 036.6 kg/m^3，说明纤维的掺入会略微改变改性芯材的干密度。

对纤维 EPS 混凝土改性芯材的干密度分别进行方差分析，见表 2.22，比较各因素的 P 值可知，干密度影响因素的主要顺序为纤维掺量 > 纤维长度 > 纤维抗拉强度。

表 2.22 干密度方差分析表

方差来源	自由度	平方和	均方	F 值	P 值
抗拉强度	2	3 574.2	1 787.1	0.45	0.691
长度	2	269.8	134.9	0.03	0.967
掺量	2	6 305.4	3 152.7	0.79	0.559
误差	2	8 003.1	4 001.5	—	—
合计	8	18 152.6	—	—	—

如图 2.55 所示,对其进行均值响应分析后发现,增大纤维的抗拉强度的同时会提升芯材材料的密度,提升纤维的长度同样会增大材料的密度。对于纤维的掺量而言,材料密度最大情况出现在纤维掺量为 1% 时,密度最小情况出现在纤维掺量为 1.5% 时,而这可能是纤维掺量增加至一定程度时,纤维在浆体中分布过于密集,纤维间出现过于密集的网状结构,拌和时与浆体并未充分接触,反而导致更多孔隙,引起密度下降。

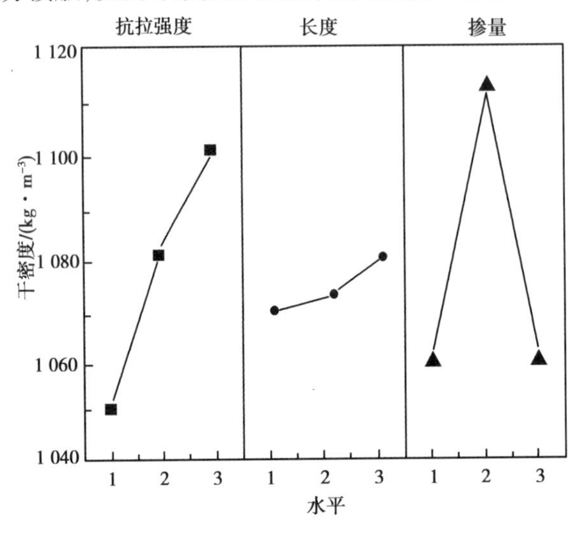

图 2.55　干密度均值响应

(4)吸水率

通过测试可知纤维 EPS 混凝土的吸水率为 3.5% ~9.5%,见表 2.19,最大出现在编号为 G1215 的组合,最小出现在 G0905 的组合。未掺入纤维的芯材材料对照组的吸水率为 5.5%,说明纤维的掺入对改性芯材的吸水率有所影响。

对纤维 EPS 混凝土的吸水率分别进行方差分析,见表 2.23,比较各因素的 P 值可知,改性芯材材料吸水率影响因素的主要顺序为纤维掺量 > 纤维长度 > 纤维抗拉强度,对复合芯材材料吸水率更应关注纤维掺量因素。水泥基复合材料的一个众所周知的特性是,当孔隙率增加时吸水率会增加,而 EPS 混凝土掺入纤维后引起的吸水率的变化是由纤维增加至一定程度引起的孔隙变化所导致。

表 2.23　吸水率方差分析表

方差来源	自由度	平方和	均方	F 值	P 值
抗拉强度	2	0.594 1	0.297	0.08	0.924
长度	2	4.906 4	2.453 2	0.68	0.594
掺量	2	11.590 5	5.795 3	1.61	0.383
误差	2	7.182 2	3.591 1	—	—
合计	8	24.273 2	—	—	—

如图 2.56 所示,对其进行均值响应分析后发现,纤维抗拉强度为 469 MPa 时,材料吸水率最大,在强度为 4 900 MPa 时吸水率最小。对纤维长度与掺量,都在水平 2 时,材料吸水率

达到最小值，并且水平为3时吸水率最大。吸水率与材料力学性能呈强负相关性。为了避免复合墙板芯材材料由于吸水率的增大而削弱其力学性能，应避免掺入过多的纤维和采用过长的纤维长度，采用最佳组合应为A3B2C2(其中A、B、C代表3种影响因素，1、2、3代表3种水平阶段)，即最佳组合为纤维抗拉强度为4 900 MPa、纤维长度为9 mm以及纤维掺量为1%。

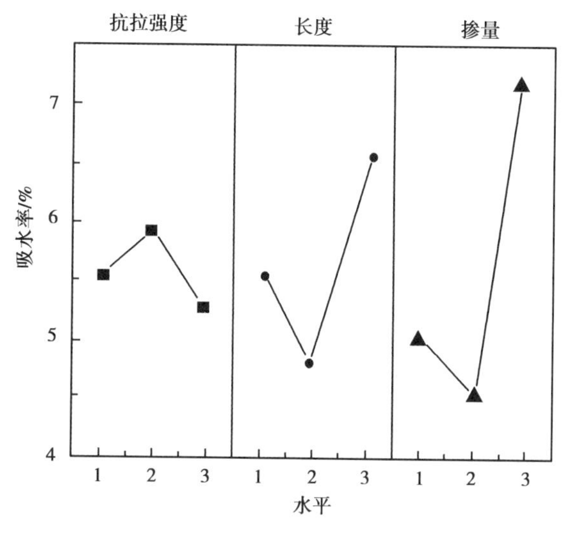

图2.56　吸水率均值响应

(5)超声波速(UPV)

通过对试件进行超声波速试验，纤维EPS混凝土的UPV为2.74～3.02 km/s，见表2.19，最大出现在编号为G0905的组合，最小出现在P0915的组合。未掺入纤维的芯材材料对照组的UPV为2.86 km/s，说明纤维的掺入对超声波通过材料的速度有所影响，这可能导致现有的EPS混凝土UPV预测模型对纤维EPS混凝土材料存在误差。

对纤维EPS混凝土改性芯材的UPV分别进行方差分析，见表2.24，比较各因素的P值可知，改性芯材材料UPV影响因素的主要顺序为纤维抗拉强度>纤维掺量>纤维长度，故讨论复合芯材材料超声波速的影响时，应首先关注纤维抗拉强度因素。

表2.24　UPV方差分析表

方差来源	自由度	平方和	均方	F值	P值
抗拉强度	2	0.055 674	0.027 837	8.27	0.108
长度	2	0.000 544	0.000 272	0.08	0.925
掺量	2	0.013 613	0.006 806	2.02	0.331
误差	2	0.006 731	0.003 366	—	—
合计	8	0.076 562	—	—	—

混凝土材料中的孔隙会影响超声波脉冲通过试件的时间，而纤维自身的材料性能会影响超声波脉冲能量的衰减速度。对其进行均值响应分析后发现，纤维抗拉强度为469 MPa时UPV最大，强度为360 MPa时UPV最小。纤维长度增长的同时会导致UPV的增长。纤维掺量为1%时UPV最大，掺量为1.5%时UPV最小，如图2.57所示。

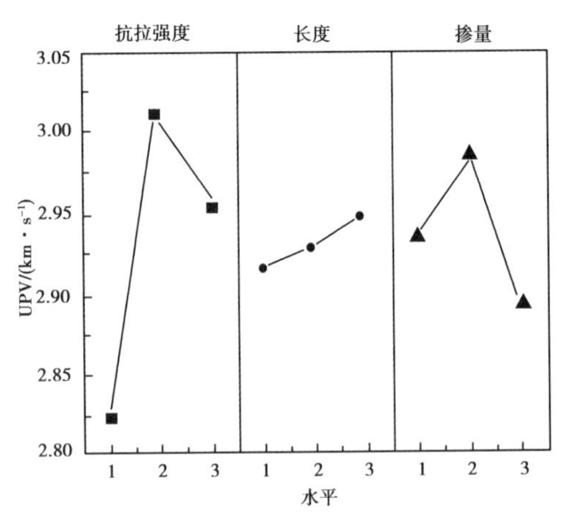

图 2.57 UPV 均值响应

超声波速可以用来预测材料抗压强度，与其他相关的研究对比发现，混凝土的抗压强度随 UPV 的增加而增大，如图 2.58 所示。纤维 EPS 混凝土试件的结果趋势与其他研究相似，并且大部分都处于 Babu 与 ACI 228.1R 提出的模型范围之间，这是掺入不同组合的纤维在水泥基体中对超声波脉冲的影响不同所致。

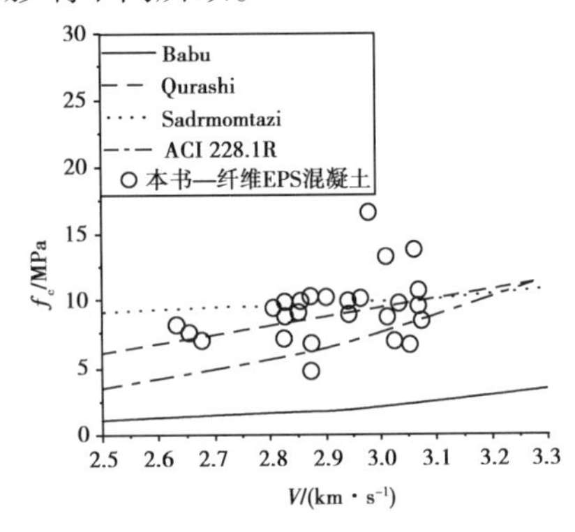

图 2.58 UPV 与抗压强度的关系

(6) 干燥收缩率

EPS 混凝土与普通混凝土相比，干燥收缩率在早期龄期阶段较大，纤维与水泥基质形成锚固点使得材料抗收缩性能提升，而合适的纤维掺量能大大改良 EPS 混凝土的干燥收缩特性。对干缩养护条件为 1 ~ 120 d(9 个龄期阶段)的复合墙板芯材材料进行干燥收缩测试，见表 2.25。正交试验下纤维 EPS 混凝土改性芯材干缩养护为 1 d 的干缩率为 $0.19\times10^{-3}\sim2.65\times10^{-3}$，掺入纤维的芯材材料对照组的干缩率为 1.14×10^{-3}。纤维改性芯材干缩养护为 3 d 的干缩率为 $0.4\times10^{-3}\sim2.76\times10^{-3}$，对照组干缩率为 1.15×10^{-3}。纤维改性芯材干缩养护为 7 d 的干缩率为 $0.51\times10^{-3}\sim2.8\times10^{-3}$，对照组干缩率为 1.32×10^{-3}。纤维改性芯材干缩养护为 14 d 的干缩率为 $0.59\times10^{-3}\sim2.86\times10^{-3}$，对照组干缩率为 1.58×10^{-3}。纤维改性芯材干缩养护为 28 d 的干缩率为 $0.92\times10^{-3}\sim3.17\times10^{-3}$，对照组干缩率为 1.85×10^{-3}。

表 2.25 龄期 1 ~ 120 d 改性芯材干燥收缩率($\times 10^{-3}$)

龄期	R08	P0605	G0905	C1205	C0910	G0610	P1210	P0915	G1215	C0615
1 d	1.14	0.39	0.67	0.19	0.63	2.65	1.04	0.91	0.50	0.28
3 d	1.15	0.66	0.69	0.43	0.53	2.76	1.08	1.20	0.59	0.40
7 d	1.32	1.07	0.76	0.51	0.87	2.80	1.76	2.12	0.63	0.66
14 d	1.58	1.16	1.38	0.59	0.91	2.86	2.22	2.32	0.83	0.75
28 d	1.85	1.89	1.84	1.12	1.18	3.17	2.59	2.90	0.92	0.94
45 d	1.97	2.04	2.44	1.26	1.25	3.24	3.25	3.04	0.98	1.03
60 d	2.09	2.20	2.47	1.27	1.33	3.28	3.48	3.10	1.04	1.05
90 d	2.82	2.62	2.86	1.48	1.37	3.47	3.68	3.38	1.27	1.38
120 d	2.93	3.09	3.38	1.74	2.16	3.85	4.02	3.87	1.94	2.06

纤维改性芯材干缩养护为 45 d 的干缩率为 $0.98 \times 10^{-3} \sim 3.25 \times 10^{-3}$,对照组干缩率为 1.97×10^{-3}。纤维改性芯材干缩养护为 60 d 的干缩率为 $1.04 \times 10^{-3} \sim 3.48 \times 10^{-3}$,对照组干缩率为 2.09×10^{-3}。纤维改性芯材干缩养护为 90 d 的干缩率为 $1.27 \times 10^{-3} \sim 3.68 \times 10^{-3}$,对照组干缩率为 2.82×10^{-3}。纤维改性芯材干缩养护为 120 d 的干缩率为 $1.74 \times 10^{-3} \sim 4.02 \times 10^{-3}$,对照组干缩率为 2.93×10^{-3}。说明纤维的掺入对干燥收缩率的影响较为明显,并且不一定为改善影响,部分纤维组合还会增大材料的干燥收缩性能。

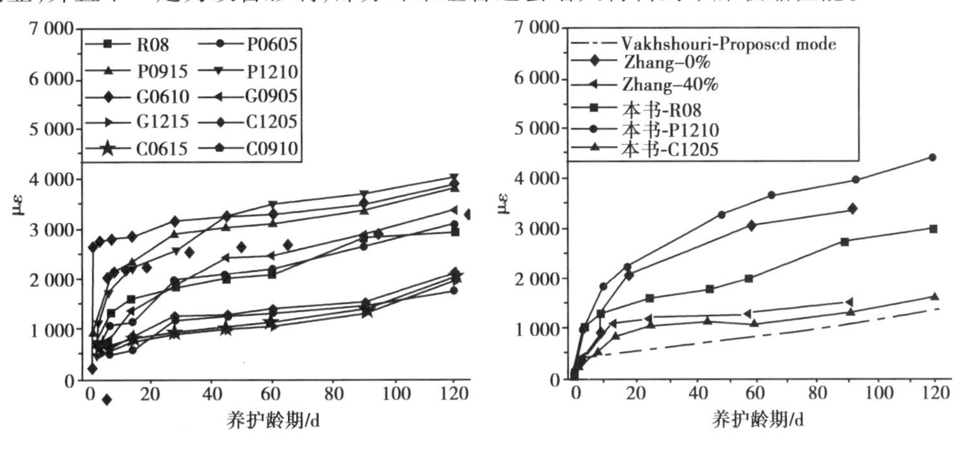

图 2.59 干燥收缩率(龄期 1 ~ 120 d)

图 2.60 相关研究趋势对比

沿干燥养护时间增长的干燥收缩率变化趋势如图 2.59 所示,所有试件干燥收缩率的发展趋势都是随干燥养护时间的增大而增大。作为未掺入纤维的对照组 R08,整体变化范围在所有纤维改性材料增强范围的中部,可将 R08 作为参考基线来判断纤维改性材料对干燥收缩率的改善程度。编号为 C1205、C0615、C0910 及 G1215 在绝大部分的干燥养护时间范围内,干缩率有较为显著的改善,而通过分析其共性发现对于干缩率而言,纤维抗拉强度的影响性更大。如图 2.60 所示,在本书中选取了 3 种具有代表性的试验结果与其他相关研究对比分析发现,试件的干燥收缩率变化趋势与其他研究一致,皆为随养护时间增长干缩率增长，且增长速率减缓的趋势，但抗干缩性能略低。这是不同研究中所设置的 EPS 掺量不同所导致，本书中所考虑的 EPS 掺量较高（50%），而 EPS 掺量越大，对 EPS 混凝土的抗收缩性能就越不利。

如图 2.61 所示，将 9 种干燥养护龄期的试件进行正交均值响应分析后发现，在早期龄期阶段（≤3 d），抗拉强度为 469 MPa 时，干燥收缩性能最差，而在之后的龄期阶段（3～120 d），干燥收缩性能随纤维抗拉强度的增长而提升。对于纤维长度因素来说，干缩性能在标准龄期（28 d）之前的影响趋势皆为随长度增长而提升，而在之后更长的龄期范围（45～120 d）内，观察到干缩性能最为显著的负面影响集中在纤维长度为 9 mm 水平。对于纤维掺量而言，在所有的龄期阶段对干缩性能最为显著的负面影响都位于纤维为 1% 的掺量水平，在早期龄期阶段（≤14 d）观察到掺量水平为 0.5% 时为干缩性能最佳，而在之后的龄期阶段（28～120 d）观察到掺量水平为 1.5% 时为干缩性能最佳。

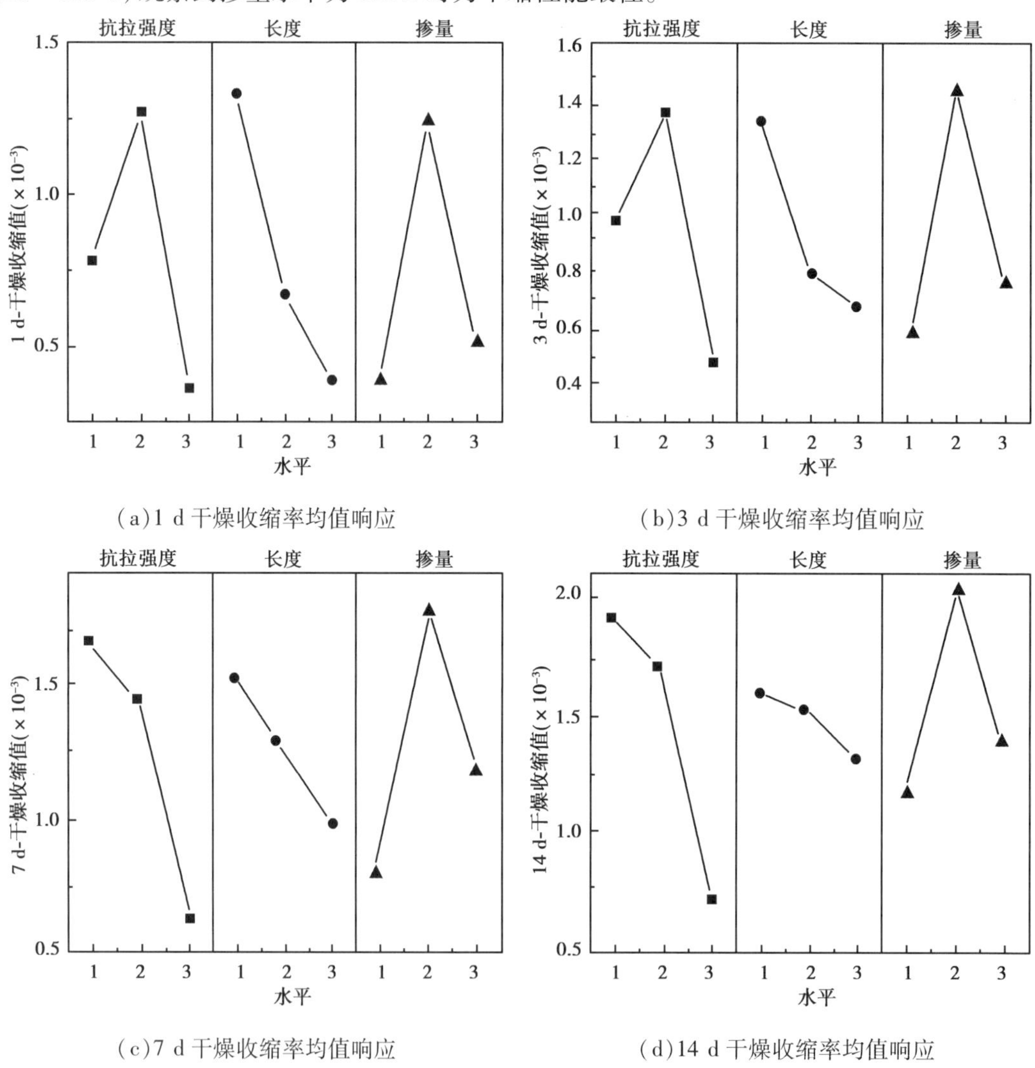

(a)1 d 干燥收缩率均值响应

(b)3 d 干燥收缩率均值响应

(c)7 d 干燥收缩率均值响应

(d)14 d 干燥收缩率均值响应

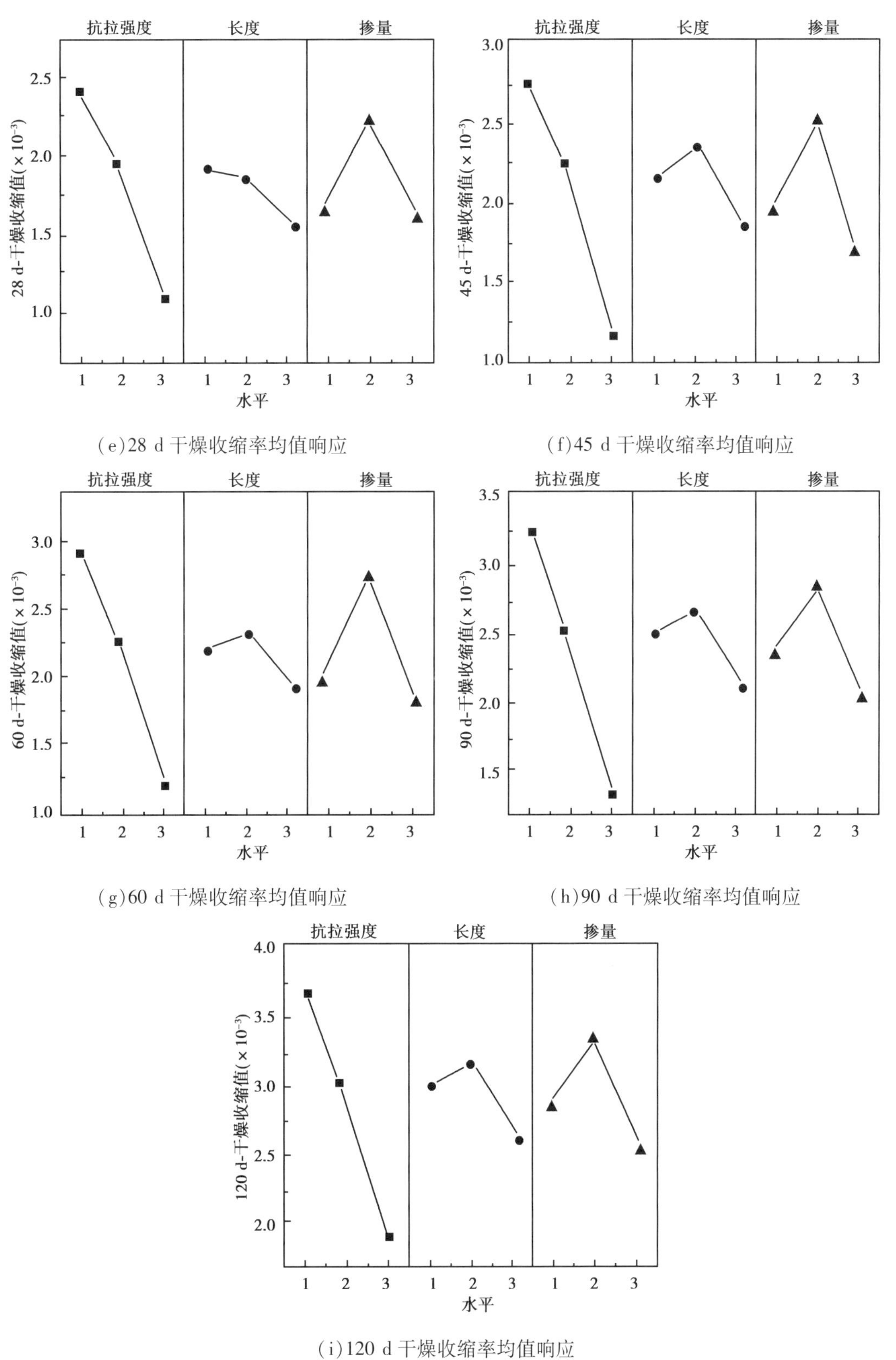

(e)28 d 干燥收缩率均值响应

(f)45 d 干燥收缩率均值响应

(g)60 d 干燥收缩率均值响应

(h)90 d 干燥收缩率均值响应

(i)120 d 干燥收缩率均值响应

图 2.61　干燥收缩率均值响应（1 ~ 120 d）

目前,装配式建筑围护系统复合墙板在实际使用过程中的普遍问题就是,使用过程中墙板芯材干缩会导致板缝间开裂。对改性芯材的干缩性能更应关注材料更长的龄期阶段。应选用更大的纤维抗拉强度、适中的纤维长度以及更大的纤维掺量,采用最佳组合应为 A3B2C3。

2)力学性能

对正交试验设计下的纤维改性混凝土材料与对照组 R08 进行抗压强度、劈裂抗拉强度、轴心抗压强度以及静弹性模量进行测试,力学性能试验结果见表 2.26。

表 2.26 正交试验结果:力学性能

编号	抗压强度/MPa	劈裂抗拉强度/MPa	轴心抗压强度/MPa	静弹性模量/GPa
R08	8.58	0.91	7.68	6.97
P0605	9.41	0.88	6.63	7.51
G0905	9.19	1.17	9.98	8.48
C1205	12.35	2.04	11.11	3.92
C0910	12.16	2.04	8.86	11.32
G0610	10.08	1.23	10.09	9.91
P1210	8.41	1.30	8.78	8.09
P0915	7.53	1.06	10.61	9.17
G1215	6.12	0.89	3.24	4.35
C0615	8.43	2.35	4.06	9.29

(1)立方体抗压强度

正交试验下纤维 EPS 混凝土改性芯材的抗压强度为 6.12 ~ 12.35 MPa,见表 2.26,最大抗压强度出现在编号为 C1205 的组合,最小抗压强度出现在编号为 G1215 的组合。未掺入纤维的芯材材料对照组的抗压强度为 8.58 MPa,纤维的掺入对抗压强度的影响较为明显,这是由于纤维可以抑制 EPS 的离析,提高了混合物的均匀性从而提升了抗压强度。

对纤维 EPS 混凝土改性芯材的抗压强度分别进行方差分析,见表 2.27,比较各因素的 P 值可知,改性芯材材料抗压强度影响因素的主要顺序为纤维掺量 > 纤维抗拉强度 > 纤维长度,对复合芯材材料抗压强度的改性更应关注纤维掺量因素。

表 2.27 抗压强度方差分析表

方差来源	自由度	平方和	均方	F 值	P 值
抗拉强度	2	12.737 2	6.368 6	4.93	0.169
长度	2	0.659 9	0.329 9	0.26	0.797
掺量	2	16.923 1	8.461 5	6.55	0.132
误差	2	2.582 9	1.291 4	—	—
合计	8	32.903	—	—	—

如图 2.62 所示，对其进行均值响应分析后发现，对纤维抗拉强度，改性芯材的抗压强度最大出现在其水平最大的情况；对纤维长度，水平为 9 mm 时材料抗压强度最大，水平 1 为 12 mm 时材料抗压强度最小；纤维的掺量水平提升的同时，反而降低了芯材的抗压强度。为了最大限度地提高纤维 EPS 混凝土改性芯材的抗压强度，应选用尽可能大的纤维抗拉强度、适中的纤维长度以及少量的纤维掺量水平，采用最佳组合为 A3B2C1。

通过分析试验结果中抗压强度与密度的关系发现，纤维 EPS 混凝土的抗压强度随密度的增加而增加，如图 2.63 所示。同时对比相关的研究结果，发现纤维 EPS 混凝土试件的结果趋势与其他研究相似，但强度远大于普通 EPS 混凝土。这说明对于未掺入纤维的 EPS 混凝土而言，纤维 EPS 混凝土在同等的密度条件下有更优异的抗压强度的性能表现，这有助于减缓掺入 EPS 颗粒所导致的 EPS 混凝土削弱效应，大大拓宽了高 EPS 掺量下的应用范围。

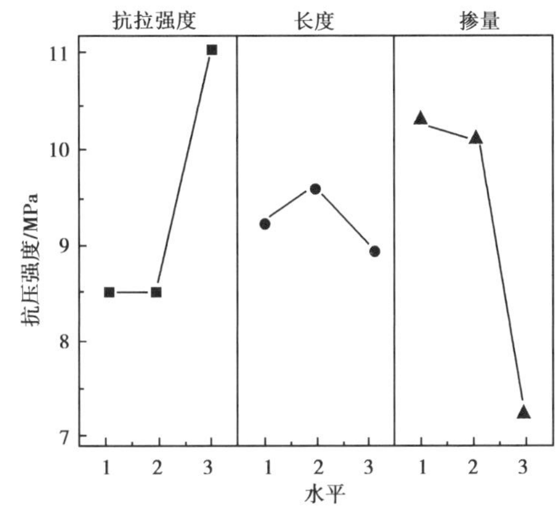

图 2.62　抗压强度均值响应

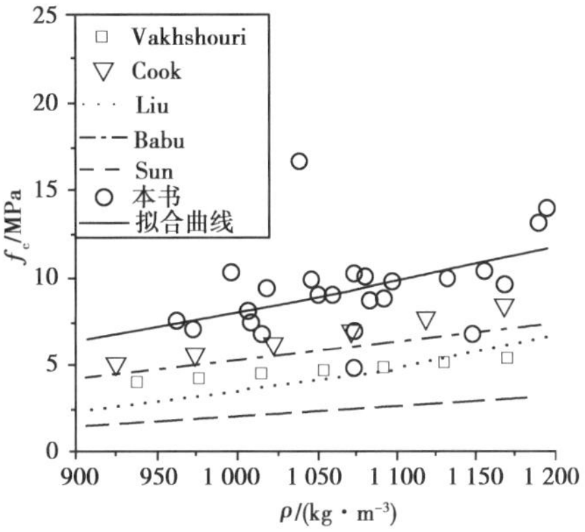

图 2.63　密度与抗压强度的关系

(2)劈裂抗拉强度

通过对试件进行劈裂抗拉测试，纤维 EPS 混凝土材料劈裂抗拉强度为 0.88 ~ 2.35 MPa，见表 2.26，最大出现在编号为 C0615 的组合，最小出现在 P0605 的组合。而未掺入纤维的芯材材料对照组的劈裂抗拉强度为 0.91 MPa。纤维的掺入对抗压强度的影响较为明显，并且不完全只是提升作用。

对纤维 EPS 混凝土改性芯材的劈裂抗拉强度分别进行方差分析，见表 2.28。比较各因素的 P 值可知，改性芯材材料劈裂抗拉强度影响因素的主要顺序为纤维抗拉强度 > 纤维掺量 > 纤维长度，对复合芯材材料劈裂抗拉性能的增强改性更应关注纤维抗拉强度因素，而纤维对压缩和劈裂拉伸强度的积极影响，可能是因为不同尺寸和类型纤维提供了不同的约束作用。

表 2.28　劈裂抗拉强度方差分析表

方差来源	自由度	平方和	均方	F 值	P 值
抗拉强度	2	2.229 11	1.114 56	13.22	0.07
长度	2	0.010 21	0.005 11	0.06	0.943
掺量	2	0.036 82	0.018 41	0.22	0.821
误差	2	0.168 57	0.084 29	—	—
合计	8	2.444 72	—	—	—

如图 2.64 所示,对其进行均值响应分析后发现,增大纤维抗拉强度的水平会提升改性芯材的劈裂抗拉强度;增大纤维长度会降低改性芯材的劈裂抗拉强度;对纤维掺量因素,水平为 9 mm 时材料劈裂抗拉强度最大,水平为 6 mm 时材料劈裂抗拉强度最小。对于用于装配式建筑围护体系的复合墙板来说,力学性能的优异性体现在其整体的抗弯性能上,而抗弯性能与劈裂抗拉性能呈高度的正相关。因此,为了对复合墙板的侧向抗弯性能进行最大限度的改性优化,应选用尽可能大的纤维抗拉强度、更短的纤维长度以及适中的纤维掺量水平,采用最佳组合为 A3B1C2。

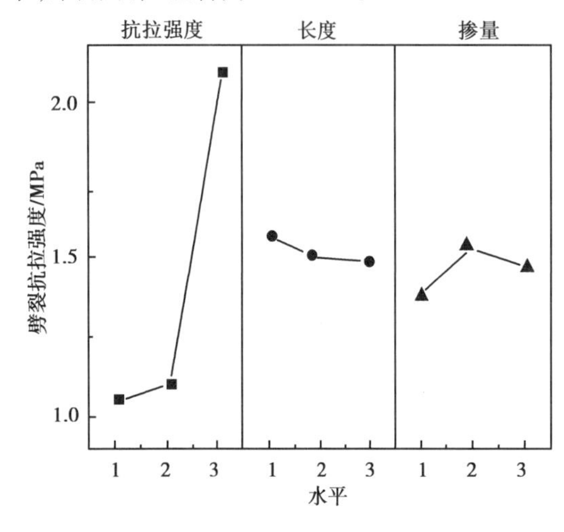

图 2.64　劈裂抗拉强度均值响应

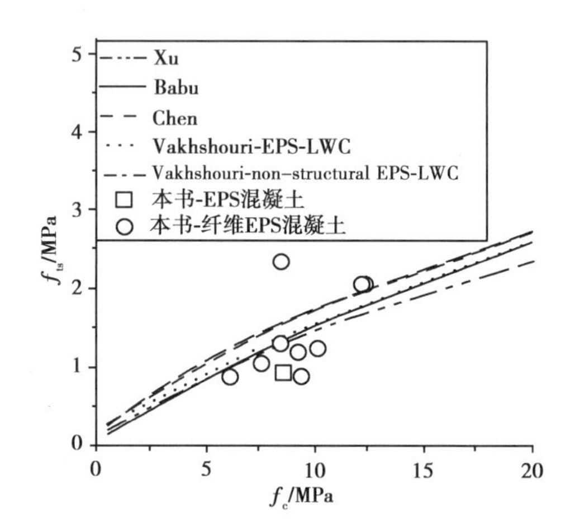

图 2.65　抗压强度与劈裂抗拉强度的关系

掺入纤维的 EPS 混凝土的抗压强度与劈裂抗拉强度的关系如图 2.65 所示,劈裂抗拉强度随抗压强度的增长而增长,趋势与其他研究提出的结论一致,其中有 3 种纤维组合明显优于其他组合和其他研究结果,它们的纤维类型皆为碳纤维,再次说明碳纤维对 EPS 混凝土力学性能的提升效果更优。

(3)轴心抗压强度

正交试验下纤维 EPS 混凝土改性芯材的轴心抗压强度为 3.24 ~ 11.11 MPa,见表 2.26,最大出现在编号为 C1205 的组合,最小出现在 G1215 的组合。而未掺入纤维的芯材材料对照组的轴心抗压强度为 7.68 MPa,纤维的掺入对轴心抗压强度的影响较为明显,并且在不同的组合下的增强效应或削弱效应都非常显著。

对纤维 EPS 混凝土改性芯材的轴心抗压强度分别进行方差分析,见表 2.29。比较各因素的 P 值可知,改性芯材材料轴心抗压强度影响因素的主要顺序为纤维掺量 > 纤维长度 > 纤维抗拉强度,对复合芯材材料轴心抗压强度的改性更应关注纤维掺量的影响因素。而这与抗压强度与劈裂抗压强度的影响趋势不一致,而这可能是轴心抗压强度的试件尺寸更大,尤其是沿高度方向,在受力过程中放大了纤维在整体分布与纤维在其中弯曲性状的影响,从而导致纤维本身的力学性能带来的影响相对更小。

表 2.29 轴心抗压强度方差分析表

方差来源	自由度	平方和	均方	F 值	P 值
抗拉强度	2	1.313	0.656 5	0.04	0.958
长度	2	13.39	6.695 1	0.45	0.69
掺量	2	21.399	10.699 3	0.72	0.582
误差	2	29.802	14.901 2	—	—
合计	8	65.904	—	—	—

如图 2.66 所示，对其进行均值响应分析后发现，对纤维抗拉强度因素，水平为 360 MPa 时材料轴心抗压强度最大，水平为 469 MPa 时材料轴心抗压强度最小；对纤维长度因素，水平为 9 mm 时材料轴心抗压强度最大，水平为 6 mm 时材料轴心抗压强度最小；降低纤维掺量的水平会提升改性芯材的轴心抗压强度。为了避免复合墙板芯材材料出现轴心抗压强度被削弱的情况，应选用小的纤维抗拉强度、适中的纤维长度以及少的纤维掺量水平，采用最佳组合为 A1B2C1。

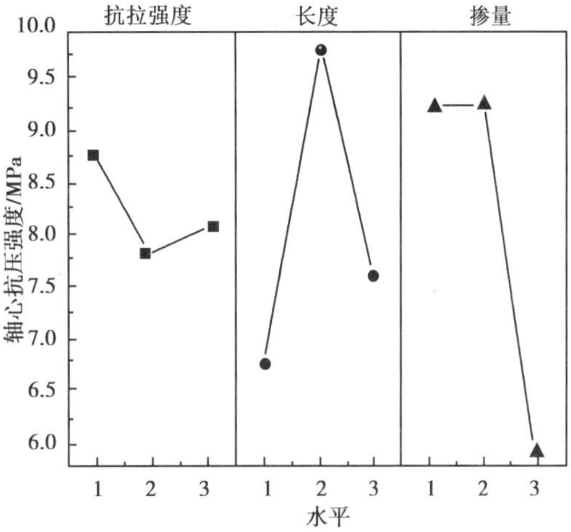

图 2.66 轴心抗压强度均值响应

(4) 静弹性模量

通过对试件进行静弹性模量测试，纤维 EPS 混凝土材料静弹性模量为 3.92 ~ 11.32 GPa，见表 2.26，最大出现在编号为 C0910 的组合，最小出现在 C1205 的组合。而未掺入纤维的芯材材料对照组的静弹性模量为 6.97 GPa。纤维的掺入对抗压强度的影响较为显著，但不完全是提升作用。

对纤维 EPS 混凝土改性芯材的静弹性模量分别进行方差分析，见表 2.30。比较各因素的 P 值可知，改性芯材材料静弹性模量影响因素的主要顺序为纤维长度 > 纤维掺量 > 纤维抗拉强度，对复合芯材材料静弹性模量的改性更应关注纤维长度因素。这与轴心抗压强度的纤维抗拉强度因素影响最小规律一致。

表 2.30 静弹性模量方差分析表

方差来源	自由度	平方和	均方	F 值	P 值
抗拉强度	2	0.817	0.408 5	0.48	0.677
长度	2	30.091 2	15.045 6	17.57	0.054
掺量	2	15.480 3	7.740 2	9.04	0.1
误差	2	1.712 4	0.856 2	—	—
合计	8	48.101	—	—	—

如图 2.67 所示，对其进行均值响应分析后发现，对纤维抗拉强度因素，水平为 360 MPa 时材料静弹性模量最大，水平为 469 MPa 时材料静弹性模量最小；对纤维长度因素，水平为 9 mm时材料静弹性模量最大，水平为 12 mm 时材料静弹性模量最小；对纤维掺量因素，水平为 1% 时材料静弹性模量最大，水平为 0.5% 时材料静弹性模量最小。为了避免出现静弹性模量过大的情况，最佳的组合为 A2B3C1。

通过对比未掺入纤维的 EPS 混凝土的相关研究发现，静弹性模量随抗压强度的增加而增加，如图 2.68 所示，本书的研究结果与其他研究的趋势基本一致，说明掺有纤维的 EPS 混凝土依然符合随抗压强度变化的规律，而右下部分出现的异常点的编号为 C1205，这可能是由于纤维的长度过长而掺量较小，在相对于抗压强度试件尺寸程度更大的静弹性模量试件中产生了削弱作用。

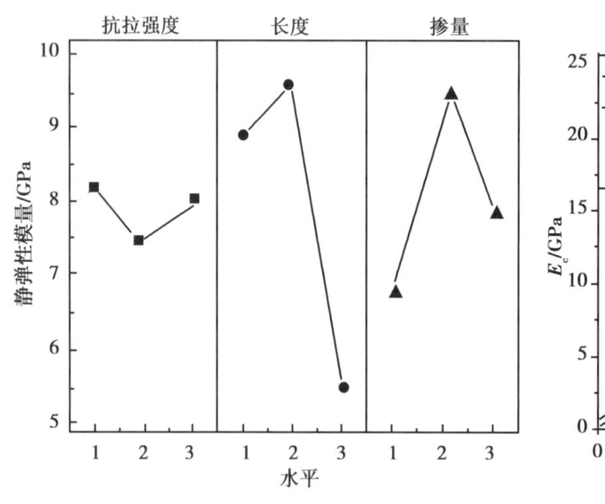

图 2.67　改性芯材静弹性模量均值响应

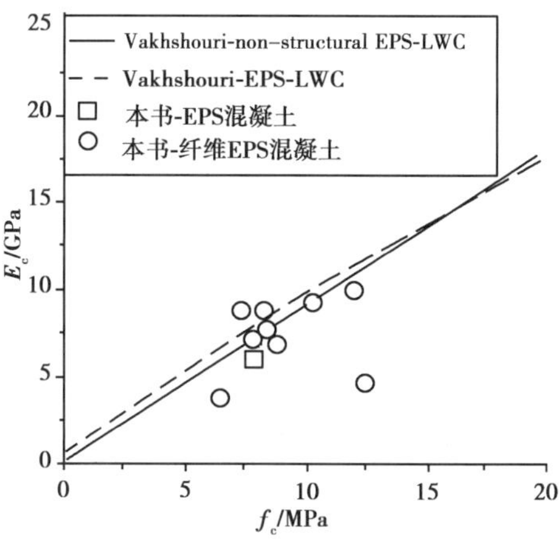

图 2.68　抗压强度与静弹性模量关系

3) 受压行为分析

(1) *应力振荡机理*

复合墙板芯材 EPS 混凝土材料及纤维 EPS 混凝土材料应力-应变曲线与普通混凝土材料在于其应力增长过程中存在非常明显的起伏振荡现象，如图 2.69 所示。这并非测量误差所致，而是由于复合墙板 EPS 混凝土芯材材料自身属于一种泡沫型多孔固体材料，这样的材料特性导致在受力过程中，应力会经历几个骤降阶段后才能达到最终的阶段极值，表现在应力-应变曲线中现象就为产生了一系列剧烈的抖动，这个阶段对应了普通混凝土材料受力行为中的塑形强化阶段。一方面该现象会导致作为承重结构构件的不稳定性；另一方面这样的受力特性提高了材料的能量吸收特性。将 EPS 混凝土材料作为装配式建筑围护体系下的墙板芯材材料，则对墙体的整体带来较为良好的抗冲击性能。

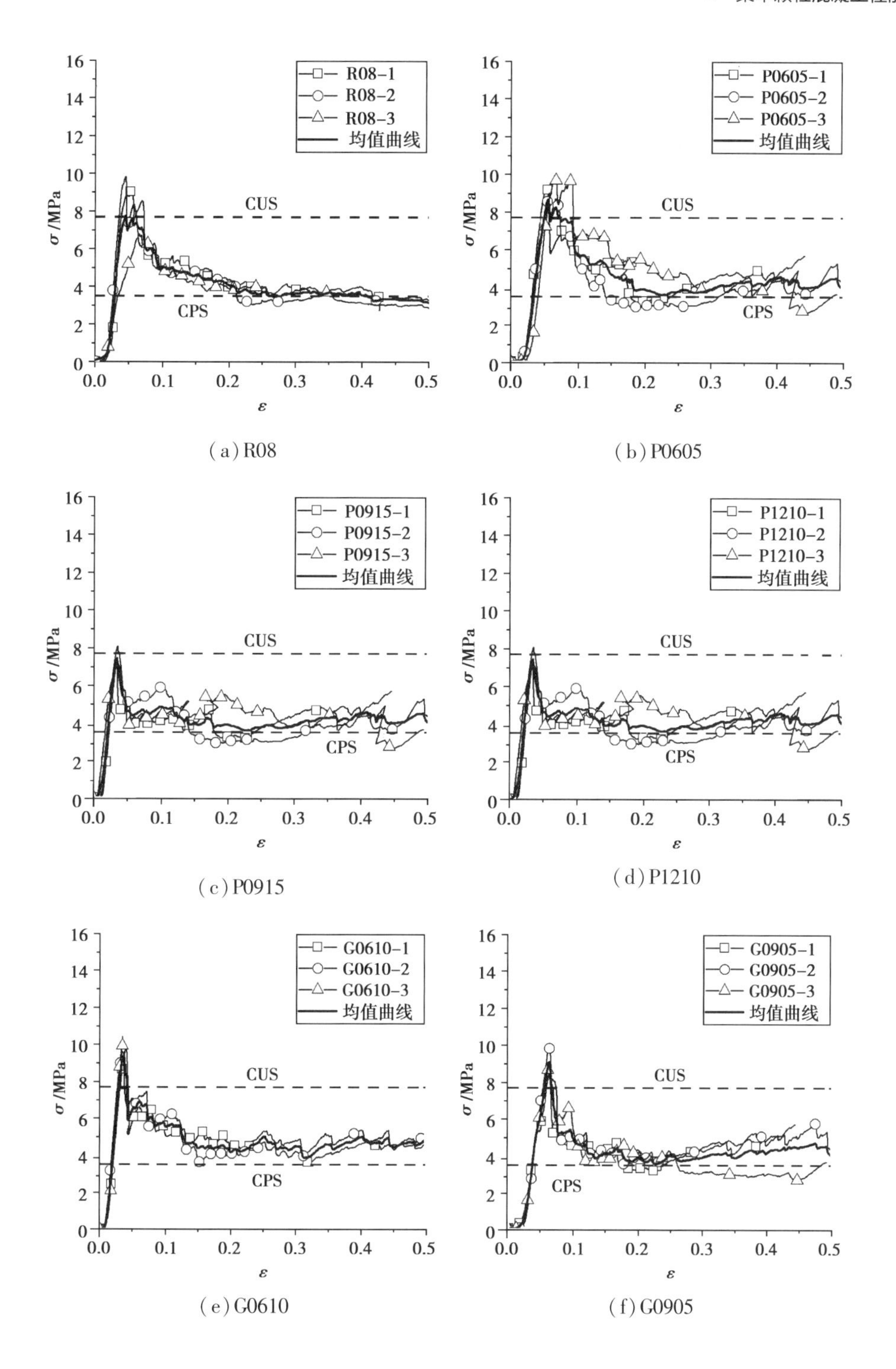

(a) R08

(b) P0605

(c) P0915

(d) P1210

(e) G0610

(f) G0905

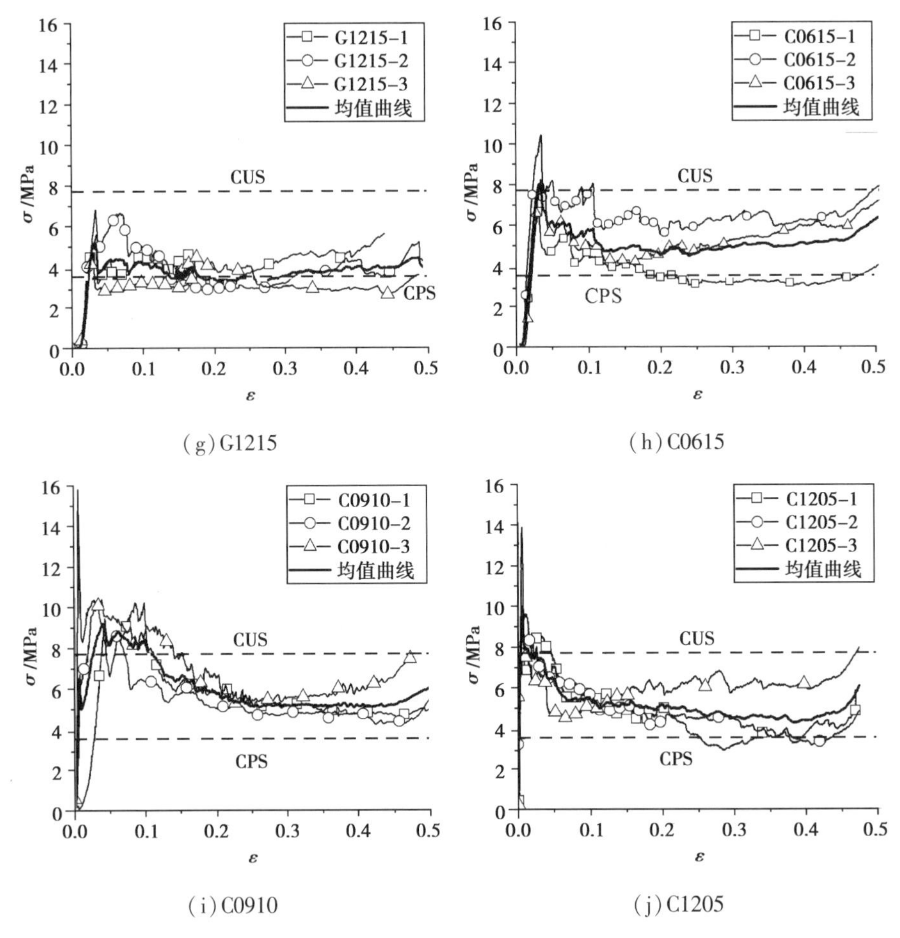

(g) G1215　(h) C0615

(i) C0910　(j) C1205

图 2.69　应力-应变曲线

从 EPS 混凝土材料的微观承载力的角度来说，复合墙板芯材 EPS 混凝土材料出现应力不稳定行为，是由于泡沫型多孔固体材料在受力时孔壁不断产生屈服与密实化。在对孔壁施加应力的过程中，微观承载力不断降低，并且当大多数孔壁受到破坏时，宏观应力值会降低。但是部分孔隙被压缩和压实导致应力完成了重新分布，并且在新的平衡体系下，整个系统获得一定的承载力，从而导致宏观应力值再次增长。在 EPS 混凝土泡沫型多孔固体材料体系中，孔隙填充物分为空气和 EPS 颗粒，EPS 颗粒对孔隙壁的稳定性有一定的支持作用，孔隙壁的塌陷与孔隙的压缩存在间隔。每个阶段的孔壁塌陷和致密化导致应力的波动。

(2) 应力-应变阶段

随着复合墙板芯材 EPS 混凝土材料中掺入不同纤维种类、长度以及掺量，虽然整个结构系统产生了一些变化，但它们的受力模式发展趋势较为一致。在对所有复合墙板改性 EPS 混凝土芯材进行受力行为分析后，发现其受力过程可以总结为以下 4 个阶段：

①线弹性阶段：刚开始承受荷载时，混凝土材料孔壁受力，孔壁弯曲未破坏导致整个结构体系都表现出线弹性行为，应力-应变关系呈线性增长关系。该阶段一般出现在应变值小于 0.05 时，并且在此区间范围内试件表面没有明显裂纹。

②应力调整阶段：在应力达到孔壁材料的塑形屈服点时，部分孔穴弯曲边的最大力矩截面处形成塑性铰，孔穴开始塌陷，此刻表现为应变增加但应力下降。但部分孔穴的塌陷引起

应力集中在其他未破坏的孔壁上,此刻表现为应变增加且应力增加。经过不断地孔穴破坏与压实,应力不断调整、变化,但在此阶段孔穴塌陷的速度要大于应力增长的速度,在曲线上的表现为应变在不断地振荡的过程中逐渐减小。在此过程中试件开始破坏,并产生裂纹。

③平衡阶段(坪应力区间):在这个阶段中最为明显的标准就是曲线进入一个应力几乎恒定的平台,这是由于孔穴塌陷的速度与应力增长的速度达到了平衡。孔壁屈服形成塑性铰,在一个近乎常数的坪应力(Plateau stress)作用下允许大的变形,而这样的受力行为特点与 Gibson 和 Lorna J 在 1997 年提出的泡沫多孔材料的变形机制一致,如图 2.70 所示。在此阶段观察到试件被不断地压缩,并且裂纹逐渐增大增多导致完全破坏。

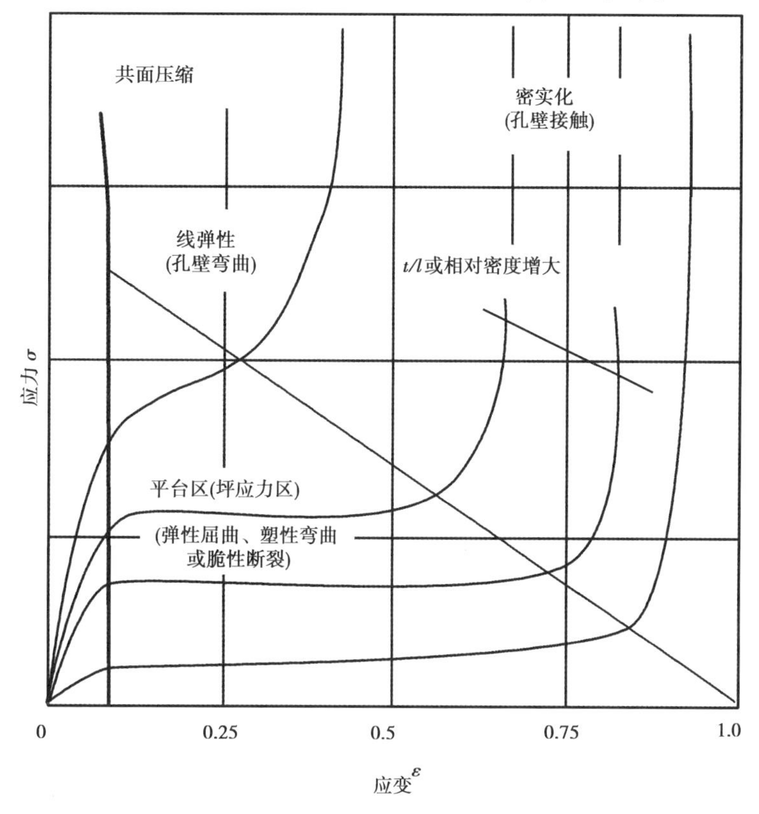

图 2.70 多孔固体材料的典型受力-变形模式示意图

④密实阶段:当处于高应变(一般处于 0.5 左右)时,几乎所有孔穴充分坍塌以至于相对孔壁发生接触,或是断裂的片段堆积在一起,并且进一步的变形即压缩到孔壁材料本身,这导致了应力-应变曲线的最后陡然上升。

(3)纤维改性影响

如图 2.69 所示,对未掺入纤维的 EPS 混凝土芯材材料(R08)的应力-应变图像进行分析后发现,其线弹性阶段出现在应变 0 ~ 0.045,应力调整阶段出现在应变 0.045 ~ 0.25,坪应力区间出现在 0.25 ~ 0.5,是典型的复合墙板芯材 EPS 混凝土材料的受力行为模式。将 R08 的线弹性阶段的应力最大值 7.7 MPa 作为对照组极限应力(Contrast Plateau Stress, CUS),将坪应力区的平均应变 3.5 MPa 作为对照组坪应力(Contrast Plateau Stress, CPS),与纤维改性的 EPS 混凝土材料进行对比分析。

在 EPS 混凝土改性芯材材料受力行为的平衡阶段,在一个近乎常数的坪应力作用下,对还能允许材料有大的变形的材料特性值得深入探讨。良好的变形能力在材料遭遇极端荷载时还能保证一定的力学延性,这对装配式建筑围护体系的实际运用具有重要的意义。如图2.69所示,所有纤维改性的EPS混凝土材料的坪应力,都要比对照组坪应力(CPS)高,尤其是P1210、G0610、C0615、C0910以及C1205的坪应力提升较为显著。说明纤维的掺入明显提升了复合墙板芯材的坪应力,坪应力的提升能提高芯材材料在实际使用中具有更好的结构适用性,即虽然已被破坏还能保证一定的力学性能的特性,而这种优越的变形能力在耗能领域能得到广泛的应用。

在保证坪应力增大的情况下,应关注材料的线弹性阶段。对纤维改性的EPS混凝土材料的线弹性阶段的应力最大值进行分析后发现,大部分纤维改性的芯材都比对照组极限应力(CUS)大,尤其是G0610、G0905、C1205的增长尤为明显。但是还有部分纤维改性的芯材相较对照组极限应力(CUS)减弱了,如P1210、G1215、P1210。这说明纤维的掺入对芯材材料的力学行为有很大的影响,对改性芯材的选用需要将线弹性阶段的应力最大值与平衡阶段的坪应力一起考虑。

4)微观结构分析

SEM分析是研究水化水泥基材料形貌的有效手段,纤维对水泥基体的影响主要为物理影响,而纤维与基体的相互作用是通过两者的界面相互联系的,对纤维改性混凝土微观测试的主要对象是纤维与界面的连接以及水化产物的聚集效应。为了评价不同纤维种类对EPS混凝土的微观影响,采用扫描电镜对最少掺量下的不同种类纤维的改性EPS混凝土材料的微观结构进行了测试。

不同的种类纤维,其表面的纹理和粗糙程度不同,并且纤维表面可能会在胶凝材料拌和、成型过程中发生变化,而对于纤维而言较高的表面粗糙度有利于锚定到基体上。如图2.71(a)、(b)所示,PP纤维在掺入前的表面非常光滑,但在掺入后微裂缝增多,表面呈现出一种规律的细微竖向裂纹,但其表面相对玻璃纤维和碳纤维较为光滑,表面检测到更少的晶体生长,说明PP纤维与基体的锚固性更弱,这是掺入PP纤维的EPS混凝土力学性能普遍偏低的原因。

如图2.71(c)、(d)所示,玻璃纤维在掺入EPS混凝土前表面较为光滑,但在掺入EPS混凝土后凹凸不平,并且发生鱼鳞状的剥落损伤,这很可能是水泥基材料的碱性环境所导致,尤其是其中$Ca(OH)_2$的化学侵蚀,虽然会减低玻璃纤维自身的力学性能,但是粗糙的表面有利于更多的水化产物附着,这表明玻璃纤维与水化水泥基体之间有更好的黏结能力,水泥基体与纤维之间发生脱黏现象的可能性更低。从已观测到的宏观力学性能来看,掺入玻璃纤维的EPS混凝土比掺入PP纤维的EPS混凝土的力学性能普遍要好,但提升幅度不大。

碳纤维的丝束相对更细,如图2.71(e)所示,与PP纤维、玻璃纤维相比几乎小了10倍,碳纤维表面比表面积更大,意味着相同掺量下碳纤维与基体的接触面积更大。在掺入前其表面呈规律的细密条状纹理,如图2.71(f)所示,在掺入后细密条状纹理增多,而这对水化产物的生成与附着有积极影响。在碳纤维的表面检测到更多的晶体生长,这意味着碳纤维的根部与基质的连接更为紧密,导致发生水化硬化后的水泥混凝土基体中,碳纤维能够与水泥混凝土基体形成的黏结力更佳,能提高纤维与混凝土基体的整体性能,这对纤维改性芯材材料的力学性能的加强更加有利,这一点可以通过抗压强度与劈裂抗拉强度的正交分析结果相印证。

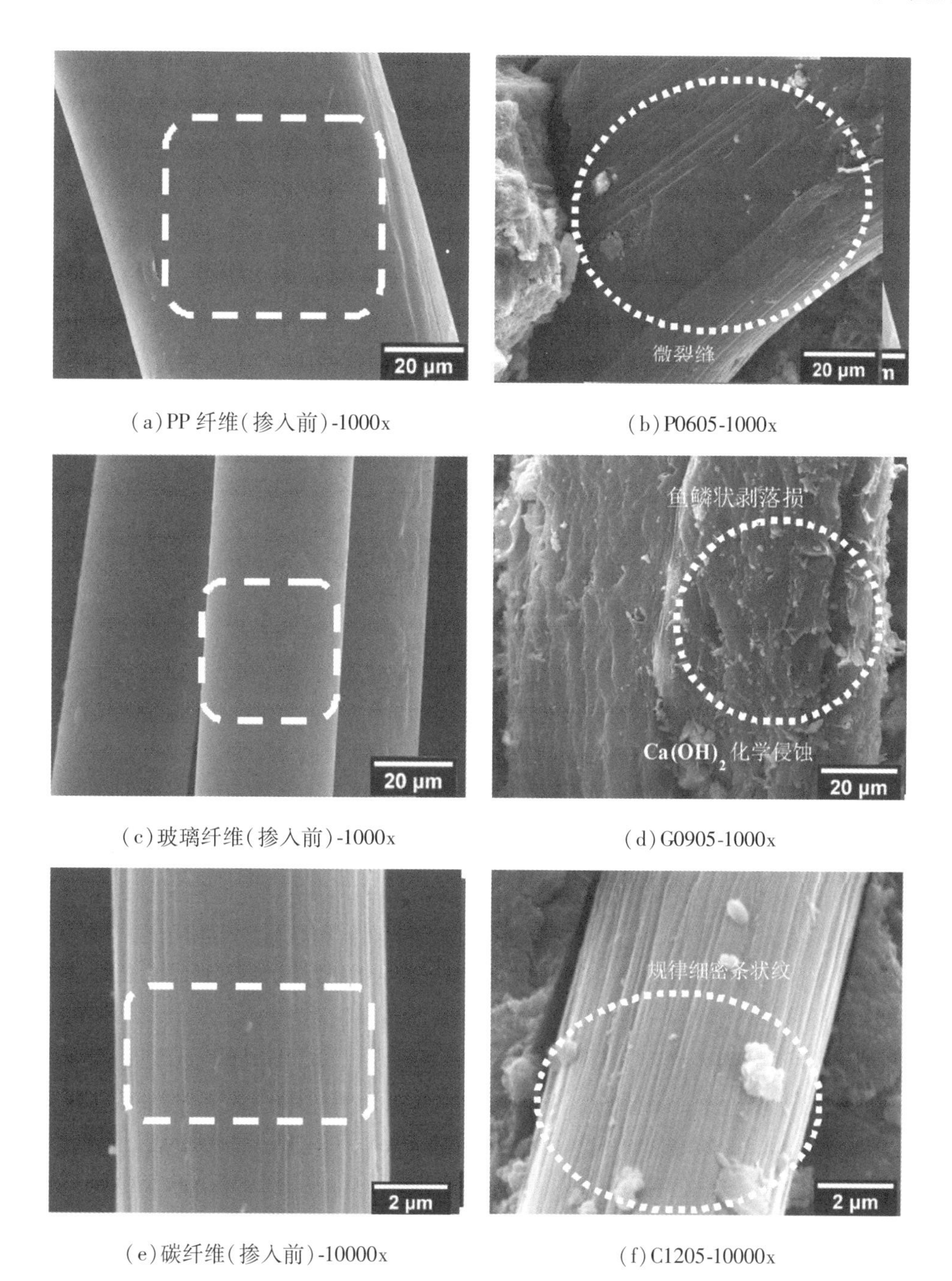

(a)PP 纤维(掺入前)-1000x　　(b)P0605-1000x

(c)玻璃纤维(掺入前)-1000x　　(d)G0905-1000x

(e)碳纤维(掺入前)-10000x　　(f)C1205-10000x

图 2.71　纤维在 EPS 混凝土中掺入前后的微观形貌

5)最优组合试验验证

基于前几节对纤维种类、长度及掺量对芯材影响分析,以及根据装配式建筑围护体系复合墙板的力学性能的需求,选择劈裂抗拉强度最大、抗压强度适度提升作为芯材力学性能改性目标,得到最优组合对应因素水平 A3B1C3,即纤维抗拉强度为 4 900 MPa,纤维长度为 6 mm,掺量为 1%。最优组合的配合比参数为:水泥 508.91 kg/m^3、硅灰 127.23 kg/m^3、水 152.67 kg/m^3、河砂 407.12 kg/m^3、EPS 颗粒 10 kg/m^3、6 mm 碳纤维 18.20 kg/m^3。

所得到的最优组合(B10)并未在正交试验设计中出现,对最优预测组合配合比参数为试验条件进行试验验证，测得 28 d 龄期下的劈裂抗拉性能为 2.48 MPa，较 R08 对照组劈裂抗拉强度 0.91 MPa 显著提高了 172%。这表明采用正交试验法对芯材力学性能的改性影响趋势的预测较为准确，利用正交试验法对复合墙板芯材材料进行力学性能优化具有可行性。此外，还测试了 B10 的干密度、抗压强度以及导热系数，具体结果见表 2.31。

表 2.31　最优组合改性芯材验证结果

材料类型	干密度 /(kg·m^{-3})	劈裂抗拉强度 /MPa	抗压强度 /MPa	导热系数 /[W·(m·K)$^{-1}$]
商用复合墙板芯材材料	900	0.39	1.4	1.33
R08 对照组	1 036.6	0.91	8.58	—
最优改性组合	1 187.78	2.48	9.68	0.31

由试验测试结果可知，改性后的复合墙板芯材材料对比商用复合墙板芯材材料的干密度增大了 31%，对比劈裂抗拉强度与抗压强度分别提升了 536% 与 591%。对比 R08 对照组，干密度增大了 14%，对比劈裂抗拉强度与抗压强度分别提升了 13% 与 172%。复合墙板芯材材料改性后力学性能的提升尤为显著，改性后的芯材密度提升 30% 左右，却可以换来近 600% 的力学性能增长。

2.3.4　龄期对改性芯材的影响

通过对最优配合比改性芯材材料进行不同龄期的养护，并对其进行抗压强度与劈裂抗拉强度测试，分析在最优化配合比设计（B10）的情况下龄期不同对力学性能之间的影响。此次试验的龄期阶段设计分别为 7 d、14 d、28 d、56 d、90 d，每个龄期对抗压强度与劈裂抗拉强度分别测试 3 个试件，取平均值后，试验结果见表 2.32。

表 2.32　龄期（7 ~ 90 d）对最优组合改性芯材影响

编号	龄期/d	干密度/(kg·m^{-3})	抗压强度/MPa	劈裂抗拉强度/MPa
B10-7 d	7	1 161.28	9.43	1.73
B10-14 d	14	1 173.80	9.44	1.80
B10-28 d	28	1 187.78	9.68	2.48
B10-56 d	56	1 197.55	11.90	2.54
B10-90 d	90	1 200.95	11.98	2.63

1）干密度

各龄期最优组合（B10）改性芯材的干密度为 1 161.28 ~ 1 200.95 kg/m^3，见表 2.32。通过对试验数据进行分析，改性芯材的干密度与龄期的关系具有相关性。如图 2.72 所示，随着养护时间的增长，改性芯材的干密度一直提高，提高速度随着龄期逐渐增大而逐渐减小，近似于指数增长的关系。龄期从 28 d 减少为 7 d 与 14 d 时，干密度分别降低了 14.07 kg/m^3

与 26.59 kg/m³,相对于标准龄期密度(1 187.78 kg/m³)仅下降了 1% 与 2%;而养护龄期从 28 d 分别提升至为 56 d 与 90 d 时,干密度分别增加了 9.77 kg/m³ 与 13.17 kg/m³,相对于标准龄期密度(1 187.78 kg/m³)仅增大了 0.8% 与 1%。说明龄期对干密度虽然有影响,但相对于标准养护龄期时变化量不大,仅有 1% ~2%。

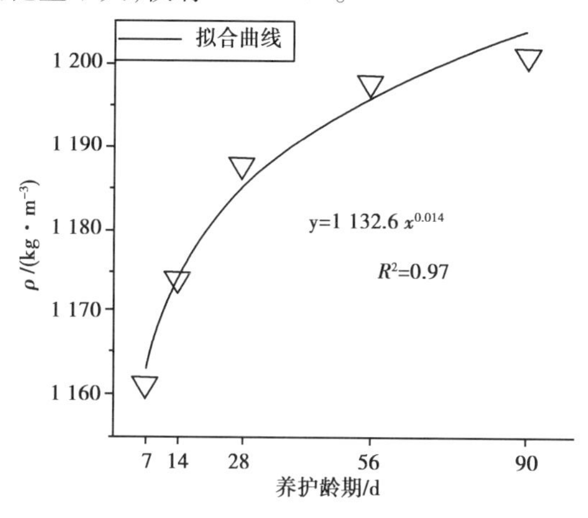

图 2.72　干密度与养护龄期关系

对最优组合(B10)改性芯材试件的干密度与龄期的关系进行指数关系的拟合,通过拟合公式可以用来估算在龄期 7 ~ 90 d 的任意时间段改性芯材材料的干密度,用以研究不同龄期下的复合墙板芯材的材料性能。

$$y = 1\ 132.6x^{0.014} \tag{2.25}$$

式中　x—— 龄期,d;

y—— 干密度,kg/m³。

2)抗压强度

各龄期最优组合(B10)改性芯材抗压强度为 9.43 ~11.98 MPa,见表 2.32。通过对试验数据进行分析,改性芯材的抗压强度与龄期的关系具有相关性。如图 2.73 所示,随着养护时间的增长,改性芯材的抗压强度一直提高,尤其是龄期从 28 d 增至 56 d 时。龄期从 28 d 减少为 7 d 与 14 d 时,抗压强度均降低了 0.25 MPa 左右,相对于标准龄期密度(9.68 MPa)仅下降了 2.5% 左右,说明改性芯材材料早期龄期的抗压强度已达到标准龄期的 98% 左右。而养护龄期从 28 d 分别提升至为 56 d 与 90 d 时,抗压强度分别增加了 2.2 MPa 与 2.3 MPa,相对于标准龄期密度(9.68 MPa)增大了 23% 与 24%。说明随着达到标准龄期后,改性芯材的抗压性能还会大幅度增长,但在 56 d 后增长得较为缓慢。

通过对最优组合(B10)改性芯材试件的抗压强度与龄期进行关系的拟合,通过拟合公式可以用来估算在龄期 7 ~ 90 d 的任意时间段改性芯材材料的抗压强度,用以研究不同龄期下的复合墙板芯材的力学特性。与相关研究对比发现,抗压强度均呈现随龄期的增长而不断增加的趋势,如图 2.73 所示。但值得注意的是,在早期龄期(14 d 内)掺入纤维的 EPS 混凝土明显优于未掺入纤维的 EPS 混凝土的抗压强度。例如,在 7 d 时的抗压强度最高提升了近 110%,这可能是由于水泥基质中的碳纤维在早期龄期阶段的水化程度,足以使其与基质形成足够好的锚固效果,而这能大大提升 EPS 混凝土的应用场景,同时进一步表明 EPS 混凝土运用于结构构件的潜力。

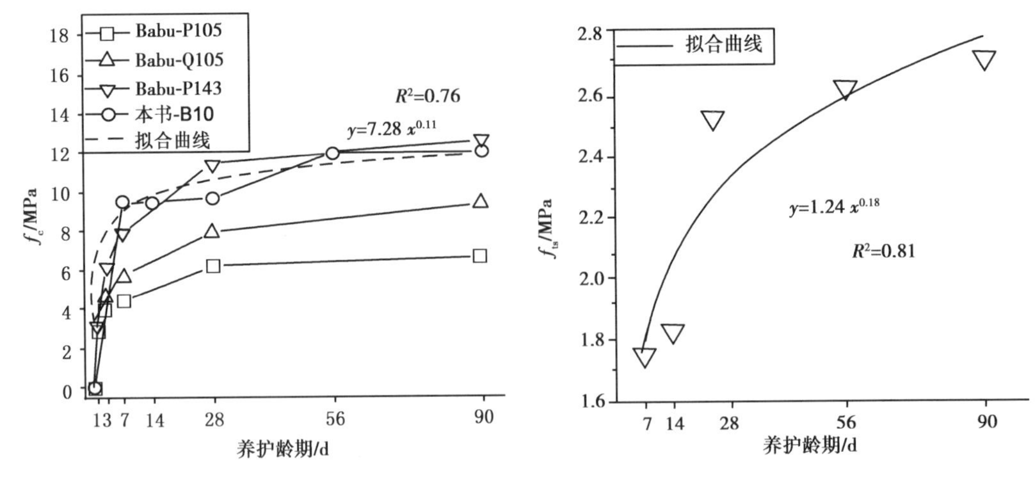

图 2.73　抗压强度与养护龄期关系　　　图 2.74　劈裂抗拉强度与养护龄期关系

$$y = 7.28x^{0.11} \tag{2.26}$$

式中　x—— 龄期,d;

　　　y—— 抗压强度,MPa。

3)劈裂抗拉强度

各龄期最优组合(B10)改性芯材劈裂抗拉强度为1.73 ~ 2.63 MPa,见表2.32。通过对试验数据进行分析,改性芯材的劈裂抗拉强度与龄期的关系具有相关性。如图 2.74 所示,随着养护时间的增长,改性芯材的劈裂抗拉强度一直提高,尤其是龄期从 14 d 增至 28 d 时。龄期从 28 d 减少为 7 d 与 14 d 时,劈裂抗拉强度降低了 0.75 MPa 与 0.68 MPa,相对于标准龄期密度(2.48 MPa)大幅度下降了近 30%,说明改性芯材材料早期龄期的劈裂抗拉强度偏低,应避免使用改性芯材的复合墙板在标准龄期之前受到侧向荷载。而养护龄期从 28 d 分别提升至为 56 d 与 90 d 时,劈裂抗拉强度分别增加了 0.06 MPa 与 0.15 MPa,相对于标准龄期密度(2.48 MPa)分别增大了 2% 与 6%,说明随着达到标准龄期后,改性芯材的抗压性能还会进行增长,但提升幅度不大。

通过对最优组合(B10)改性芯材试件的劈裂抗拉强度与龄期进行关系的拟合,通过拟合公式可以用来估算在龄期 7 ~ 90 d 的任意时间段改性芯材材料的劈裂抗拉强度,用以研究不同龄期下的复合墙板芯材的力学特性。

$$y = 1.24x^{0.18} \tag{2.27}$$

式中　x—— 龄期,d;

　　　y—— 劈裂抗拉强度,MPa。

4)受压模式

如图 2.75 所示,在对最优组合(B10)改性芯材在各个龄期阶段的应力-应变图像进行分析后发现,相对于未掺入纤维的标准对照组 EPS 混凝土芯材材料(R08),力学行为在应力峰值与坪应力区的表现提升非常显著。

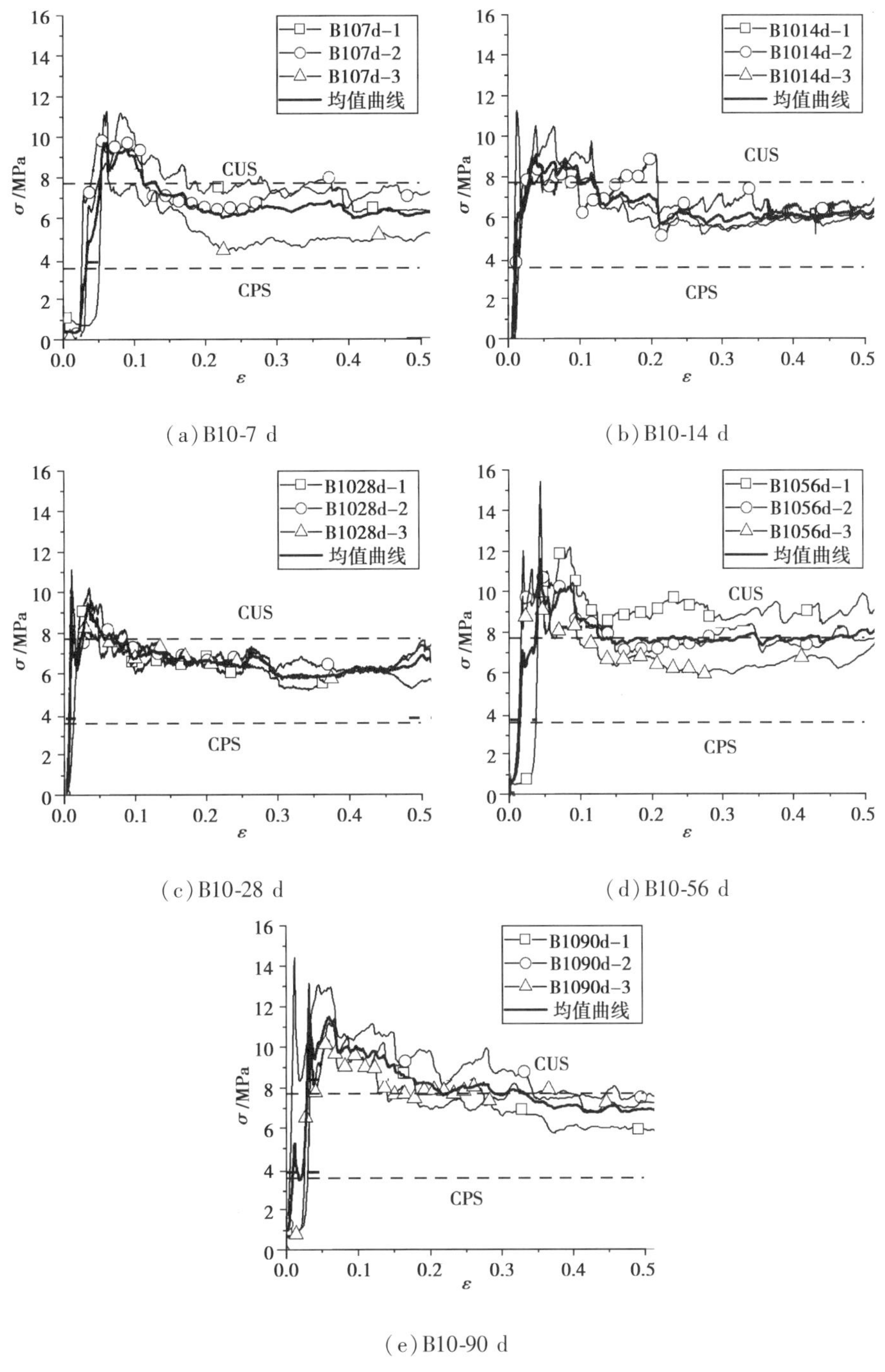

(a) B10-7 d　　(b) B10-14 d

(c) B10-28 d　　(d) B10-56 d

(e) B10-90 d

图 2.75　应力-应变曲线(龄期 7 ~ 90 d)

通过对最优组合(B10)改性芯材所有龄期的受力模型进行分析后发现,其线弹性阶段出现在应变 0 ~ 0.05,应力调整期出现在 0.05 ~ 0.2,坪应力区间出现在 0.2 ~ 0.5,都符合改性芯材的受力行为模式,如图 2.75 所示。但值得一提的是,相对于标准对照组(R08)的受力行为,线弹性阶段的应变范围增大了 0.05,应力调整期的范围缩小了 0.055,坪应力区的范围增大了 0.05,而应变峰值的提升了 17% ~ 36%,坪应力提升高达 57% ~ 100%。而这表明这最优组合(B10)改性芯材材料在受力时,材料会经历更长的线弹性阶段以及破坏荷载大大地提升了。在应力达到孔壁材料的塑形屈服点时,受力体系会更快地完成应力重分配的过程,减少应力不稳定的出现概率,更快进入稳定阶段。而在平衡阶段,改性芯材材料的坪应力更大(至少17%的提升),以及应变范围更大,使得改性芯材在被破坏时还能保证更优的力学性能的特性,运用在装配式建筑围护体系中能大大地提升结构的适用性与稳定性。

龄期对受力阶段的影响较为明显,如图2.76所示,在龄期为7 d时,与对照组极限应力(CUS)相比提升了14%,坪应力提升了58%;在龄期为14 d时,与CUS相比提升了16%,坪应力提升了74%;在龄期为28 d时,与CUS相比提升了11%,坪应力提升了75%;在龄期为56 d时,与CUS相比提升了37%,坪应力提升了94%;在龄期为90 d时,与CUS相比提升了37%,坪应力提升了92%。说明随着龄期的增长,改性芯材材料的极限应力与坪应力在同步提升。

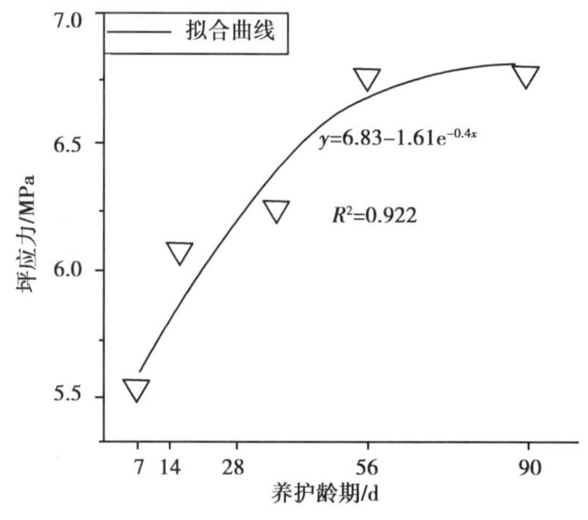

图2.76　坪应力与养护龄期的关系

将各个龄期阶段的坪应力与龄期时间进行分析后发现,龄期时间与坪应力呈指数相关,通过拟合公式(2.28)可以用来估算在龄期7 ~ 90 d的任意时间段改性芯材材料的坪应力,对不同龄期下复合墙板芯材的受力行为特性提供了可量化的衡量方法。

$$y = 6.83 - 1.61e^{-0.4x} \tag{2.28}$$

式中　x—— 龄期,d;

y—— 坪应力,MPa。

5)微观结构

对4种不同龄期(7 d、14 d、28 d及120 d)的改性芯材试件进行SEM微观分析后发现,所有龄期阶段的改性芯材水泥基体与碳纤维的根部连接都未见明显的间隙,如图2.77所示。这说明改性芯材材料在早期龄期情况下可保证纤维与基质的黏结力,这可能是改性芯材的早期龄期与标准龄期下对照组的力学性能相比显著提高的原因之一。

不同龄期改性芯材试件的水泥基体的水化程度不同,如图2.77所示。通过对其基体表面的水化产物的生成情况观察到,随着龄期的增长,碳纤维表面观测到更多的水化晶体,形貌的特征是形成平行针形鞘层的晶体组合,水化程度不断提升带来纤维表面附着更多的水化产物,进而使纤维根部与基质的连接更加紧密,整体上的力学性能和密度得以进一步增强。这与本书观测到的改性芯材的抗压强度、劈裂抗拉强度随龄期的增大而增长的规律一致。

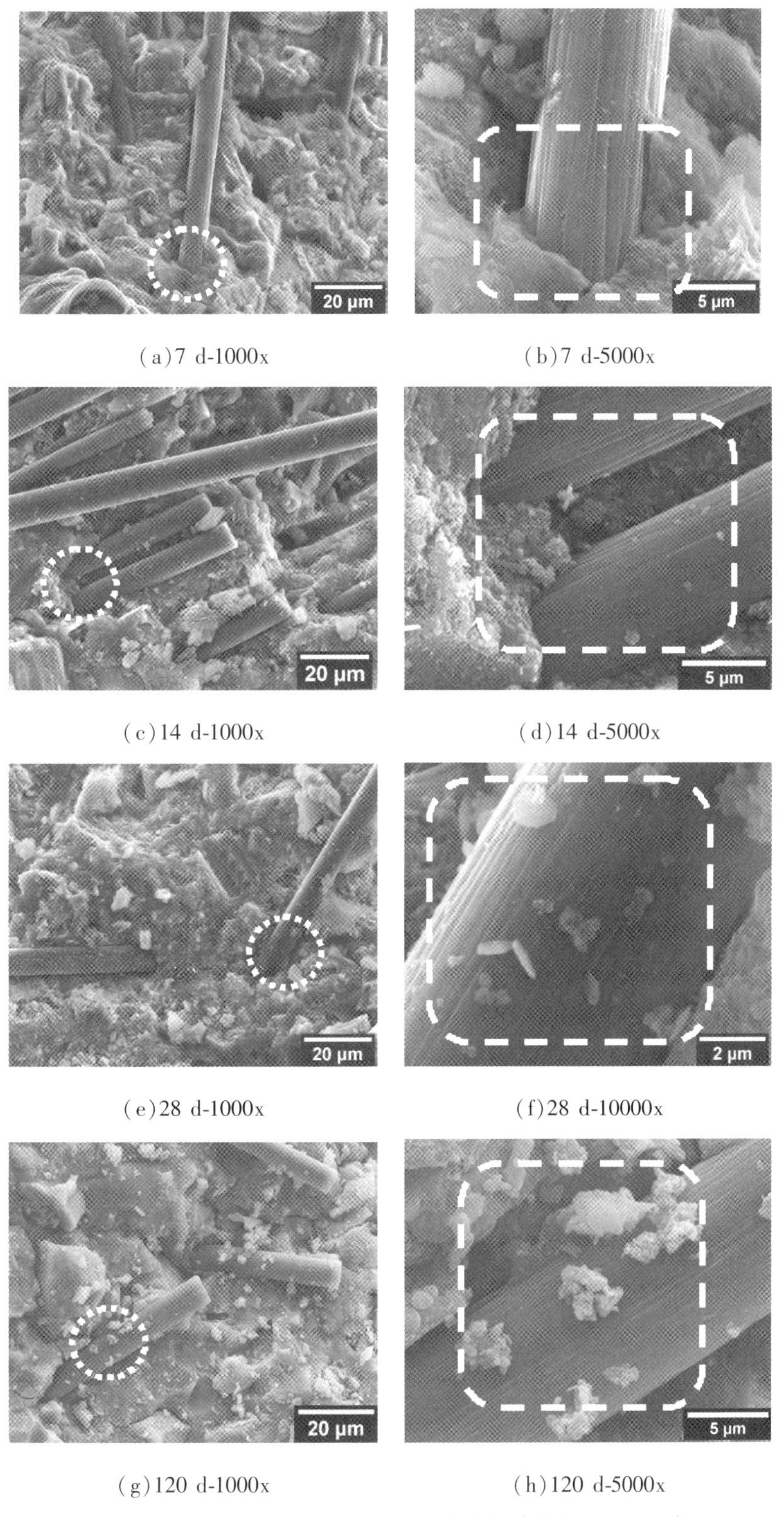

(a)7 d-1000x　(b)7 d-5000x

(c)14 d-1000x　(d)14 d-5000x

(e)28 d-1000x　(f)28 d-10000x

(g)120 d-1000x　(h)120 d-5000x

图 2.77　最优组合改性芯材微观形貌分析（龄期 7 ~ 120 d）

6)XRD 分析

对不同龄期的改性芯材试件进行 XRD 样品采集,XRD 样品编号按龄期分别命名为 7 d、14 d、28 d、120 d。在经过预处理后对样品进行 X 射线衍射分析,得到不同龄期的改性 EPS 混凝土水泥基材料的 XRD 图谱,如图 2.78 所示。

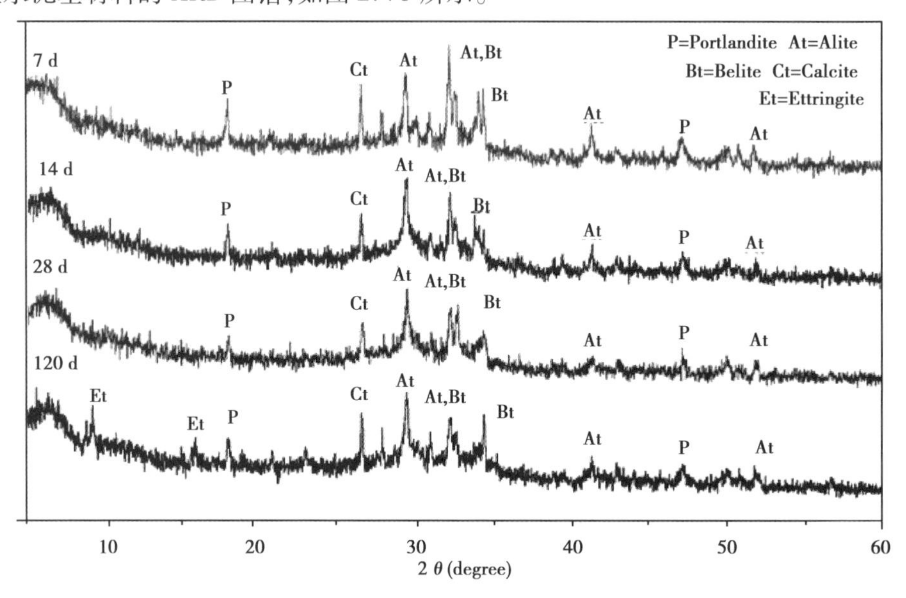

图 2.78　最优组合改性芯材 XRD 衍射图谱(龄期 7 ~ 28 d)

不同龄期水泥基体的产物大体相同,主要的物相有水化产物方解石相(Calcite)和氢氧化钙相(Portlandite)晶体,以及未能水化的硅酸三钙石相(Alite)和二钙硅酸盐相(Belite),通过其衍射峰的变化可以衡量水泥基质的水化水平。如图 2.78 所示,与标准龄期(28 d)的试件相比,养护龄期 7 d 与 14 d 样品的 Alite 和 Belite 衍射峰值都更为显著,尤其是 7 d 的样品,说明其水化程度处于不同的阶段,养护龄期越长水化程度越充分。同时还观察到不同龄期的改性水泥基材料的 Portlandite 峰值也有所不同,这是由于试件中所掺入的硅灰的主要成分 SiO_2 会不断地与水泥基体中的 $Ca(OH)_2$ 进行二次水化反应。这会不断地消耗 $Ca(OH)_2$,随着养护时间的增长,二次水化反应越充分,而这样的现象与 SEM 微观形貌的观察一致。同时在更高龄期的 120 d 样品的 XRD 图谱中得到进一步的验证,并且观测到水化产物钙矾石相(Ettringite)的衍射峰的出现,再次说明高龄期的纤维 EPS 混凝土中纤维与基质有更佳的密实程度,以此叠加提升其力学性能。

2.4 本章小结

为了提升 EPS 颗粒复合墙板芯材的基础力学性能,从复合材料自身性能出发,以装配式墙体设计施工的需求为目标,探寻 EPS 颗粒在墙板生产过程中产生的不均匀分布核心机理与力学特性改性优化办法，本章主要研究内容与成果如下：

①以普通硅酸盐水泥为主要胶凝材料，以 HPMC 为改性材料，通过聚羧酸系减水剂作用下水灰比的设计，分析硅灰、水灰比、减水剂以及增稠剂对基质材料的影响，确定改性芯材水泥砂浆的优化配比。

②通过对 EPS 混凝土复合墙板进行墙板均匀性量化研究，提出了基于图像识别的不均匀性量化方法；讨论了不同 EPS 体积分数与 HPMC 掺量的配合比设计，基于所提出的相对均匀性参数与均匀指数(Uniformity index, UI)，对 EPS 混凝土沿垂直方向的均匀性特性进行了多维度的均匀性量化分析，提出了适用于装配式建筑复合墙板在实际工程进行均匀特性分析的量化模型，确定改性 EPS 混凝土芯材材料均匀性优化配比。

③在此基础上，进一步通过纤维增强方法，讨论对芯材材料性能与力学性能影响的因素和水平，提出改性芯材力学性能最优化设计建议并对其进行验证，发现改性后芯材密度提升30%左右，可以换来近600%的力学性能增长；讨论改性芯材的受力行为模式与量化手段，评价不同龄期条件下最优改性芯材的整体表现，进而优化复合墙板芯材材料与力学性能。

3 碱式硫酸镁面层材料性能研究

本章以聚苯颗粒复合墙板中常用的碱式硫酸镁面层为研究对象，研究掺和料对材料性能的影响，以及玻璃纤维网格布对面层材料拉伸性能的改善情况。主要研究内容为：

①通过试验探究掺和料各种属性对碱式硫酸镁水泥流动度、受压强度和耐水性能的影响规律，选择掺和料种类、掺量等。

②研究复合墙板面层材料进行拉伸试验的试验方法。通过对面层材料进行预拉试验、参照相关规范，重点探究复合墙板面层材料拉伸试件的标准尺寸、受拉试件夹具设计及各个设备的连接方法。研究玻纤布对面层材料拉伸性能的影响，通过对玻纤布施加不同预应力，探究不同预应力的玻纤布对面层材料受拉性能的影响情况。

3.1 掺和料和纤维对碱式硫酸镁水泥性能的影响

对碱式硫酸镁面层材料性能的探究是研究改性面层材料对复合墙板性能影响的基础，面层材料的物理性能、力学性能都会对复合墙板的研究及应用产生影响。目前，添加掺和料是混凝土材料常见的改性手段。近年来，国内外的学者进行了大量的碱式硫酸镁水泥的改性研究，包括掺和料的种类、自然形态等对材料的物理性能、力学性能的改变。大量的试验与研究资料表明，掺和料会对碱式硫酸镁水泥的性能产生影响，且不同的种类及形态对碱式硫酸镁水泥性能改性效果也不同。

3.1.1 试验方案

1）试验原材料及性能

（1）七水硫酸镁

七水硫酸镁（$MgSO_4 \cdot 7H_2O$），相对分子质量为 246.47。它在自然界中的存在形态为无色透明的晶体，可溶于水，受热分解。参照《工业硫酸镁》（HG/T 2680—2017）对七水硫酸镁主要的化学成分要求见表 3.1。

表 3.1 七水硫酸镁的化学成分要求

品类	七水硫酸镁（以 $MgSO_4 \cdot 7H_2O$ 计）	氯化物（以 Cl 计）	铁（Fe）	水不溶物
I 类一等品	99.0	0.2	0.003	0.05

(2)轻烧氧化镁的性能指标

轻烧氧化镁是经菱镁矿在 700～900℃的高温下煅烧而成的，它的化学分子式为 MgO，分子量为 40.25。轻烧氧化镁呈淡黄色，是一种粉状晶体，如图 3.1 所示。轻烧氧化镁粉主要是通过含有碳酸镁的菱镁矿、白云石等原料采用一定的工艺经高温烧制成型的。本试验所用的轻烧氧化镁的烧失量为 3.9%，细度为 180 目，比表面积为 179.1 m^2/kg。轻烧氧化镁的 XRD 图谱如图 3.2 所示，主要化学成分见表 3.2。

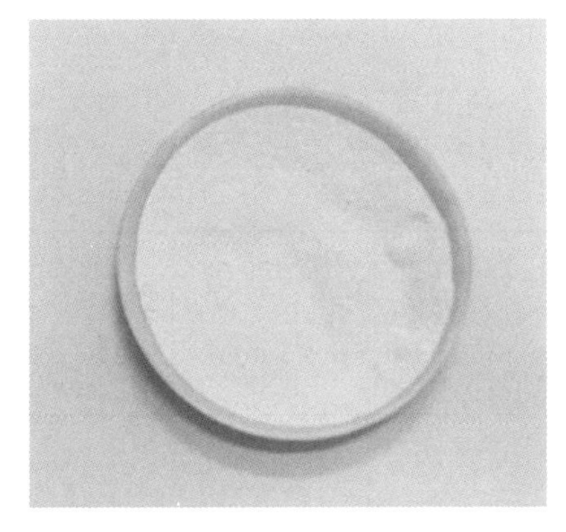

图 3.1 轻烧氧化镁粉

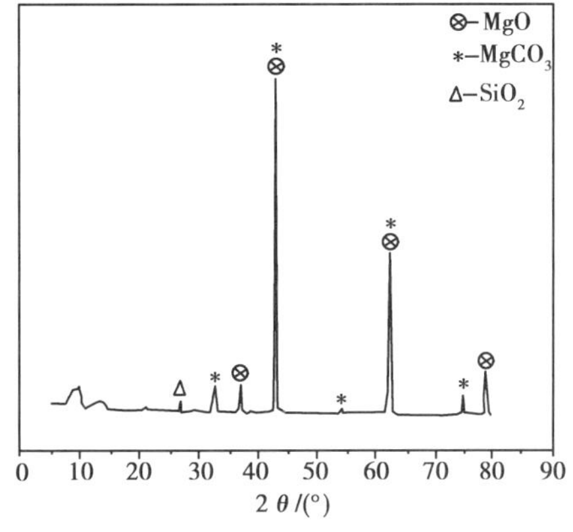

图 3.2 轻烧氧化镁粉 XRD 图

表 3.2 轻烧氧化镁的化学成分

化学成分	MgO	Al_2O_3	CaO	Fe_2O_3	SiO_2	其他
质量分数/%	82.43	0.25	1.57	0.42	5.63	9.7

(3)柠檬酸

采用柠檬酸（$C_6H_8O_7 \cdot H_2O$）作为碱式硫酸镁水泥的化学外加剂，其相对分子质量为 192.14。柠檬酸呈白色或者无色，是一种粉状晶体。

(4)掺和料

通过加入惰性填料对镁质胶凝材料进行改性处理，本书采用的石墨粉、活性炭粉均属于惰性填料。惰性填料具有稳定的化学性质，具有较高的强度。对碱式硫酸镁水泥内添加惰性填料可以在一定程度上填充碱式硫酸镁水泥内部的孔隙，提高材料的密实性，起骨架的作用。

本书掺入石墨粉的粒径大小为 200 目和 20 目，石墨的比表面积约 1.7 m^2/g。选用的活性炭粉为椰壳活性炭，它的比表面积为 950～1 200 m^2/g，采用的粒径大小同样为 200 目和 20 目。

(5)碳纤维

本书采用的纤维长度为3 mm、6 mm、9 mm,如图3.3所示。碳纤维的相关性能参数见表3.3。

图3.3 碳纤维形貌

表3.3 碳纤维性能参数

技术指标	复丝拉伸强度/MPa	复丝拉伸模量/GPa	线电阻/(Ω·cm^{-1})	密度/(g·cm^{-3})	单丝直径/m
数据	4 500~5 000	220~250	1.75×10^{-3}	1.82	7.3

2)试验方法

(1)氧化镁活性检测

氧化镁活性检测参照《菱镁制品用轻烧氧化镁》(WB/T1019—2002),轻烧氧化镁内部化学成分的含量主要跟菱镁矿煅烧情况及MgO与空气中的二氧化碳反应情况有关。通常在制备碱式硫酸镁水泥之前,需对氧化镁活性进行检测。对轻烧氧化镁粉活性的检测方法有很多种,最常见的是水合法,本书利用此方法对氧化镁活性进行检测。如图3.4所示,称量两份质量为0.5 g的氧化镁粉,放入称量瓶中滴入2 mL蒸馏水后放入烘箱烘干,如图3.5所示,通过氧化镁粉烘干前后的质量差,参照式(3.1)得氧化镁活性含量为60.11%。

$$C=\frac{W-W_1}{W}\times2.237\times100\% \tag{3.1}$$

式中 C——活性氧化镁含量,%;

W_1——材料水化干燥后的质量,g

W——材料的初始质量,g

2.237——系数,氧化镁与水的分子量比值。

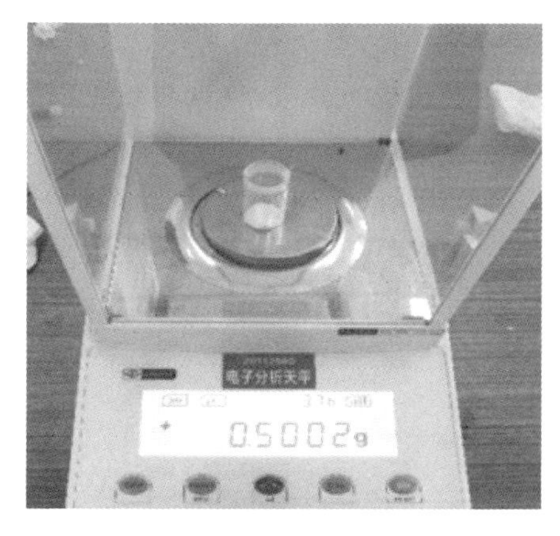

图 3.4　称量 0.5g 氧化镁粉

图 3.5　烘干

(2)材料制备

如图 3.6 所示为碱式硫酸镁水泥的制备过程,按基础配合比:a-MgO : $MgSO_4$: H_2O = 7:1:20分别称取适量的轻烧氧化镁、七水硫酸镁、水、填充料以及一定量的(占活性氧化镁质量的 0.5%)柠檬酸。首先是硫酸镁溶液的制备,将七水硫酸镁晶体溶于温水中可制备硫酸镁溶液,待七水硫酸镁晶体完全溶化后加入称量好的柠檬酸。其次利用先掺法,将掺和料加入溶液中慢速搅拌 5 min,再将氧化镁粉末倒入搅拌机中均匀搅拌 5 min 即可。最后将搅拌均匀的碱式硫酸镁水泥浇筑入铁模具中,经振动抹平后,继续在室内养护 24 h 后脱模,实验室养护温度为(20 ±2)℃。

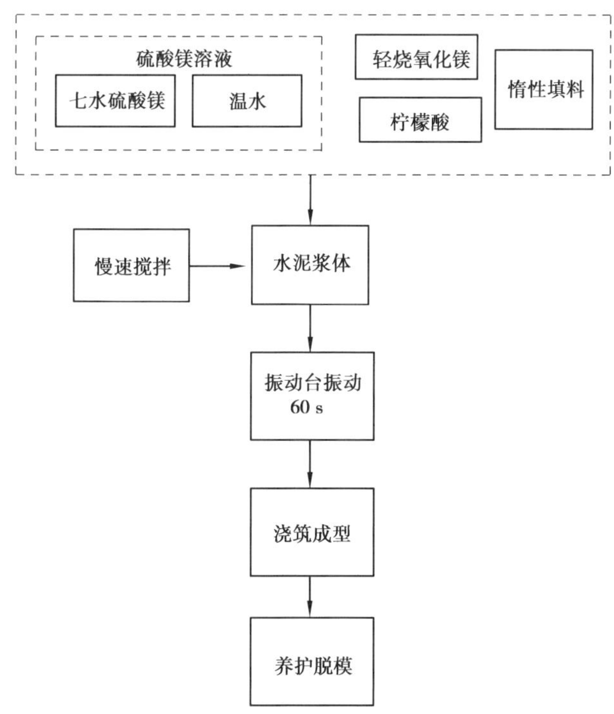

图 3.6　碱式硫酸镁面板试件制作流程

(3)流动度试验

流动度试验参照规范《混凝土外加剂匀质性试验方法》(GB/T 8077—2012)。将制备好的水泥浆体倒入截圆锥模型内，通过测定浆体从模型内流到在玻璃面板上的最大直径，从浆体流动的直径大小可以判断流动度，直径大小与浆体流动度成正比关系，即直径越大浆体流动度越大。

(4)抗压强度测试

抗压强度测试参照标准《水泥胶砂强度检测方法(ISO 法)》(GB/T 17671—2021)，以 40 mm×40 mm×160 mm 为试件尺寸，利用万能试验机，测试试件在不同龄期下的强度，如图 3.7 所示，采用的加载速度为 2.4 kN/s。

图 3.7　抗压强度测试

$$f_c = \frac{F_{max}}{A} \tag{3.2}$$

式中　f_c——抗压强度；

F_{max}——试件极限抗压承载力；

A——试件受压面积(40 mm×40 mm)。

(5)耐水性能试验

采用试件 28 d 的软化系数来表示改性后的碱式硫酸镁水泥的耐水性能，试件养护至 28 d龄期后一部分进行抗压试验，再将一部分置于水中浸泡 28 d 后取出后测试抗压强度，按照式(3.3)对材料耐水性能进行计算，如图 3.8 所示为试块浸水图。

图 3.8　耐水性能试验

$$k = \frac{R_0}{R_c} \tag{3.3}$$

式中 R_0——试件浸水 28 d 的抗压强度,Pa;

R_c——试件浸水前的抗压强度,Pa;

K——试件的软化系数。

(6)轴心抗压强度测试

轴心抗压强度测试方法参照标准《建筑砂浆基本性能试验方法标准》(JGJ/T 70—2009),采用 70.7 mm×70.7 mm×220 mm 的试件,以 1 kN/s 的加载速度进行加载。

$$f_{mc} = \frac{N'_u}{A} \tag{3.4}$$

式中 f_{mc}——砂浆轴心抗压强度;

N'_u——棱柱体破坏荷载;

A——试件受压面积。

(7)X 射线衍射分析试验

利用 XRD 可以有效地检测材料内部的化学成分,其设置条件见表 3.4。

表 3.4 X 射线衍射分析参数设置

测试条件	管压	管流	扫描速度	扫描范围(2θ)
CuKα	40 kV	30 mA	4°/min	5°~80°

(8)扫描电子显微镜试验

扫描电镜利用电子光学的成像原理,将物质放大超高倍数观察其细微结构。从材料微观图像上对碱式硫酸镁水泥的宏观性能进行解释。在进行扫描电镜观察前,需取破碎后的水泥试块的内部碎片进行喷金处理后再放入观察室观察。

3.1.2 活性炭对碱式硫酸镁水泥性能的影响

本节试验采用的活性炭粉为椰壳活性炭粉,通过外加椰壳活性炭探究椰壳活性炭对碱式硫酸镁水泥力学性能及其相关物理性能的影响。采用的摩尔比为 a-MgO∶$MgSO_4$∶H_2O = 7∶1∶20,柠檬酸含量为活性氧化镁含量的 0.5%。使用椰壳活性炭粉替代活性氧化镁的掺量分别为 10%、20% 和 30%,测试椰壳活性炭粉的掺量对材料流动度、强度、耐水性能的影响。

1)活性炭对流动度的影响

由表 3.5 可知活性炭等质量取代活性氧化镁粉,碱式硫酸镁水泥净浆的流动度随椰壳活性炭的掺量的增大而减小。随着椰壳活性炭掺量的增多对碱式硫酸镁水泥净浆的流动度的影响更加明显,当活性炭粉掺量为活性氧化镁含量的 30% 时碱式硫酸镁水泥净浆的流动度最小。其中,掺入 200 目椰壳活性炭粉后的碱式硫酸镁水泥净浆的流动度为 171 mm,掺入 20 目椰壳活性炭后的碱式硫酸镁水泥净浆的流动度为 180 mm。用活性炭粉等质量取代氧化镁粉之后,作为惰性填料不能在胶凝材料内部发生反应,它将分布在水泥空隙间。活性炭粉的孔隙及比表面积极大,通常在800 m^2/g 以上,氧化镁粉的比表面积为6 m^2/g 左右,用比表面积较大的椰壳活性炭粉替代比表面积较小的氧化镁粉之后,浸润其活性炭粉的表面会吸收胶凝材料中更多的自由水,从而减小了水泥浆体的流动度。

表3.5　活性炭对MOSC流动度的影响

编号	活性炭粉掺量①	活性炭粉粒径/目	流动度/mm
A-0	0	0	225
Y-1	10%	200	205
Y-2	20%	200	193
Y-3	30%	200	171
Y-4	10%	20	210
Y-5	20%	20	199
Y-6	30%	20	180

注:①活性炭粉的掺量为活性氧化镁粉含量,余同。

2)活性炭对力学性能的影响

由表3.6和图3.9可知,碱式硫酸镁在第3天的抗压强度为54.1 MPa,仅比养护龄期28 d的抗压强度低30%,属于早强型水泥。试件在28 d龄期的抗压强度可以达到77.2 MPa,其抗压强度高于普通42.5硅酸盐水泥的强度。碱式硫酸镁水泥属于轻质高强型水泥,当作为复合墙板的面层材料时,可保障其受力稳定性。

表3.6　掺入活性炭粉后MOSC抗压强度结果

编号	活性炭粉掺量	活性炭粉粒径/目	3 d强度/MPa	7 d强度/MPa	14 d强度/MPa	28 d强度/MPa
A-0	0	0	54.1	64.3	72.5	77.2
Y-1	10%	200	50.0	58.7	69.9	72.4
Y-2	20%	200	45.2	53	62.2	67.3
Y-3	30%	200	40.4	49.6	60.5	66.2
Y-4	10%	20	43.3	51	58.9	64.6
Y-5	20%	20	40.4	48.3	57.5	63.2
Y-6	30%	20	36.7	45.2	55.8	58.9

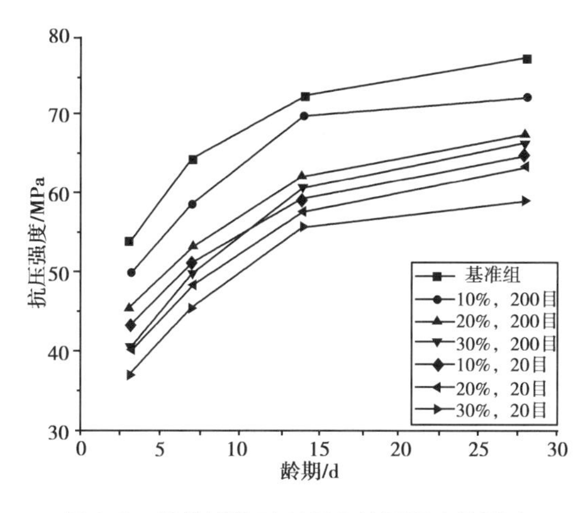

图 3.9 活性炭粉对 MOSC 抗压强度的影响

当掺入活性炭粉后，试件强度降低，这对试件各个龄期的力学性能均起到了负面影响。随着活性炭粉掺量持续增加，其强度不断下降。在不掺入活性炭粉时 28 d 抗压强度为 77.2 MPa，当内掺 30% 的 200 目活性炭粉后，28 d 抗压强度下降到 66.2 MPa，下降幅度为 14.2%。这与氧化镁的水化反应有关，碱式硫酸镁水泥的内部强度主要由其水化产物提供，用活性炭粉替代氧化镁粉后会影响氧化镁的水化反应，减少内部水化产物的生成。活性炭粉并不能有效地改善碱式硫酸镁水泥基体的强度，活性炭粉掺量越多，其抗压强度越低。当选用 20 目椰壳活性炭粉时，掺入 30% 的椰壳活性炭粉后材料 28 d 的抗压强度降低到 58.9 MPa。掺入 20 目椰壳活性炭粉后材料的抗压强度减小了 23.7%。在相同掺量下，加入 20 目椰壳活性炭粉的试件强度比加入 200 目椰壳活性炭粉的强度更低，表明了活性炭粉粒径越大，对其力学强度的削弱更加明显。

3)活性炭对耐水性能的影响

由表 3.7 可知，活性炭粉的掺入可以改善水泥石的浸水抗压强度。掺入活性炭粉后，可减少反应放热形成的内应力，在一定程度上防止内部生成粗大的晶体。活性炭粉作为惰性填料，可以起到细填料的作用，对内部孔隙起到填充作用。200 目粒径的软化系数高于 20 目粒径的软化系数，粒径越小对其内部的孔隙填充效果越好。选用编号为 Y-1 的试件的软化系数最高，即选用掺量为 10% 的 200 目椰壳活性炭粉对碱式硫酸镁水泥耐水性能改善效果最好。

表 3.7 掺入活性炭粉后 MOSC 强度和软化系数测试结果

编号	活性炭粉掺量	活性炭粉粒径/目	R_0 浸水前抗压强度/MPa	R_c 浸水后抗压强度/MPa	K_{28}压
A-0	0	0	77.2	58.1	0.75
Y-1	10%	200	72.4	57.9	0.80
Y-2	20%	200	67.3	53.2	0.79
Y-3	30%	200	66.2	51.6	0.78
Y-4	10%	20	64.6	49	0.76
Y-5	20%	20	63.2	47.5	0.75
Y-6	30%	20	58.9	44	0.75

3.1.3 石墨粉对碱式硫酸镁水泥性能的影响

本书采用的摩尔比为 a-MgO∶$MgSO_4$∶H_2O = 7∶1∶20，柠檬酸含量为活性氧化镁含量的0.5%。使用石墨粉替代活性氧化镁的掺量分别为10%、20%和30%，测试石墨粉的掺量对MOSC的流动度、强度、耐水性能的影响。

1）石墨粉对流动度的影响

与活性炭粉在碱式硫酸镁水泥中的拌和情况不同，石墨粉的掺入可以增大碱式硫酸镁的流动度，且流动度随着石墨粉掺量和粒径的增加而增加，见表3.8。石墨粉的表面光滑，可以在氧化镁粉中起到一定的滚珠作用，分散氧化镁粉颗粒，提高其流动度。活性炭粉掺入后的流动度较石墨粉低，这是椰壳活性炭较大的比表面积、孔隙率在搅拌过程中活性炭会消耗更多的自由水，在一定程度上提高了浆体的黏度，导致掺入活性炭粉的水泥浆体流动度更低。

表3.8 石墨粉对MOSC流动度的影响

编号	石墨粉掺量	石墨粉粒径/目	流动度/mm
A-0	0	0	225
S-1	10%	200	229
S-2	20%	200	236
S-3	30%	200	240
S-4	10%	20	231
S-5	20%	20	239
S-6	30%	20	247

2）石墨粉对力学性能的影响

表3.9和图3.10显示了200目和20目石墨粉取代部分氧化镁粉后的试件在3 d、7 d、14 d和28 d的抗压强度。从图中可知，不同粒径大小的石墨粉掺入均不能有效提高其各个龄期的抗压强度。当石墨粉的掺量增加时，MOSC的抗压强度下降。当200目石墨粉取代碱式硫酸镁水泥掺量分别为10%、20%、30%时，养护28 d的抗压强度分别为72.3 MPa、70.4MPa、66.6 MPa，与MOSC相比分别下降了6.3%、8.8%、13.7%。当材料中加入的石墨粉越多，对其受压性能的削弱越明显。当掺入20目石墨粉后，10%、20%、30%掺量的抗压强度分别为69.1 MPa、65.6 MPa、64.6 MPa，分别下降了10.5%、15.0%、16.3%，掺量增多，其抗压强度随之下降，且下降幅度明显高于200目石墨粉。

掺入石墨粉后的碱式硫酸镁水泥的力学性能主要受内部水化产物及内部填料的骨架作用共同影响。石墨粉替代氧化镁粉加入胶凝材料后，虽然作为惰性填料可以起到一定的填充作用，但是石墨粉的加入减少了水化产物的生成量，在微观下石墨粉颗粒呈片状结构，更容易发生滑移变形，石墨粉与水泥基体的界面结合较弱，导致碱式硫酸镁水泥内部的缺陷较多,在受力过程中容易发生破坏。随着石墨粉掺量的增多,在制备过程中,这种密度较小的石墨微粉会正负电荷互相吸引而团聚在一起,颗粒分散不均,导致石墨粉与胶凝材料界面结合区不紧密,从而在受力过程中石墨粉之间发生滑移而导致强度下降。

表 3.9 掺入石墨粉后 MOSC 抗压强度结果

编号	石墨粉掺量	石墨粉粒径/目	3 d 强度/MPa	7 d 强度/MPa	14 d 强度/MPa	28 d 强度/MPa
A-0	0	0	54.0	64.3	72.5	77.2
S-1	10%	200	47	58.6	70.1	72.3
S-2	20%	200	47.9	57.1	68.3	70.4
S-3	30%	200	44.6	52.1	66.0	66.6
S-4	10%	20	44.2	54.9	65.5	69.1
S-5	20%	20	42.0	51.9	64.8	65.6
S-6	30%	20	39.4	48.0	60.7	64.6

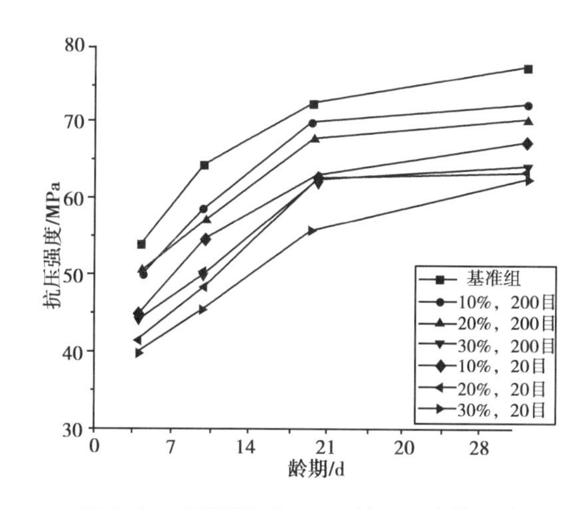

图 3.10 石墨粉对 MOSC 抗压强度的影响

3) 石墨粉对耐水性能的影响

表 3.10 为掺入石墨粉后材料在水中养护 28 d 的抗压强度与自然环境下养护 28 d 的抗压强度。由表可知,掺入石墨粉后碱式硫酸镁水泥的耐水性能得到了提升。掺入 200 目石墨粉后,碱式硫酸镁水泥浸水 28 d 后的软化系数可达到 0.76,其强度较不掺入石墨粉的碱式硫酸镁水泥有了提升。这与椰壳活性炭粉类似,石墨粉作为非活性填料,可以提高体系的密实性,细度较小的石墨粉可以分布在水化产物的缝隙之中,避免水分子对侵蚀材料内的 5·1·7相,降低它的溶解速度。当石墨粉的粒径过大时,并不能有效地提升碱式硫酸镁水泥的耐水性能。当石墨粉粒径过大时,不能有效地填充碱式硫酸镁水泥的孔隙。当试件在潮湿环境中使用时,选用小粒径的填充料才可以有效地提升材料的耐水性能。选用编号为 S-1 的试件的软化系数最高,即选用掺量为 10% 的 200 目石墨粉对碱式硫酸镁水泥耐水性能改善效果最好。其中,掺入石墨粉的软化系数普遍高于掺入椰壳活性炭粉的软化系数,这可能是因为椰壳活性炭的孔隙较高,浸水后更难抵御水的侵入。

表 3.10　掺入石墨粉后 MOSC 强度和软化系数测试结果

编号	石墨粉掺量	石墨粉粒径/目	R_0浸水前抗压强度/MPa	R_c浸水后抗压强度/MPa	K_{28}压
A-0	0	0	77.2	58.1	0.75
S-1	10%	200	72.3	59.3	0.82
S-2	20%	200	70.4	56.3	0.80
S-3	30%	200	66.6	52.6	0.79
S-4	10%	20	69.1	52.6	0.76
S-5	20%	20	65.6	50.0	0.76
S-6	30%	20	58.9	44.9	0.76

3.1.4　碳纤维对碱式硫酸镁水泥性能的影响

碳纤维主要由碳元素组成，是一种高分子无机材料，它的质量较轻，抗拉性能高。基于此本次试验采用的配合比为 a-MgO∶$MgSO_4$∶H_2O =7∶1∶20，柠檬酸含量为活性氧化镁含量的0.5%。本节掺入碳纤维，分别取碳纤维含量占浆体质量的0.2%、0.4%、0.8%，同时控制胶凝材料水灰比不变。测试碳纤维的掺量对 MOSC 的流动度、体积变化率、强度、耐水性能、吸水性能的影响。

1）碳纤维对流动度的影响

由表3.11可知，当对胶凝材料基体掺入不同含量的碳纤维后会吸收浆体中的自由水，增加浆体的稠度。当纤维掺量和长度的增加时，水泥浆体的流动度逐渐降低。碳纤维的吸水性较好，会吸收胶凝材料内部的自由水，当碳纤维掺量增多，纤维团聚在一起后，碱式硫酸镁水泥浆体的流动度能变得更差。

表 3.11　碳纤维对 MOSC 流动度的影响

编号	碳纤维掺量	碳纤维长度/mm	流动度/mm
A-0	0	0	225
T-1	0.2%	3	189
T-2	0.4%	3	181
T-3	0.8%	3	160
T-4	0.2%	6	153

续表

编号	碳纤维掺量	碳纤维长度/mm	流动度/mm
T-5	0.4%	6	126
T-6	0.8%	6	102
T-7	0.2%	9	112
T-8	0.4%	9	92
T-9	0.8%	9	80

2)碳纤维对力学性能的影响

由表3.12可知,当掺入碳纤维后碱式硫酸镁水泥内部的抗压强度得到了提高。对于同一掺量的碳纤维而言,含量为0.4%时,碱式硫酸镁水泥的抗压强度最高。当碳纤维掺量小于0.4%时,抗压强度随着碳纤维掺量增大而出现线性增长;当碳纤维掺量大于0.4%时,随着碳纤维掺量增大呈下降趋势。由图3.11—图3.13可知,采用3 mm碳纤维,当掺量分别为0.2%、0.4%、0.8%时,养护28 d的抗压强度分别为79.4 MPa、84.1 MPa、82.3 MPa,与MOSC相比分别提升了2.8%、8.9%、6.6%。采用6 mm碳纤维,当掺量分别为0.2%、0.4%、0.8%时,养护28 d的抗压强度分别为84.3 MPa、90.3 MPa、85.2 MPa,与MOSC相比分别提升了9.2%、17.0%、10.4%。采用9 mm碳纤维,当掺量分别为0.2%、0.4%、0.8%时,养护28 d的抗压强度分别为80.6 MPa、83.3 MPa、82.8 MPa,与MOSC相比分别提升了4.4%、7.9%、7.3%,可见纤维掺量为0.4%对于纤维长度为3 mm、6 mm、9 mm的纤维来说均为最优掺量。

表3.12　掺入碳纤维下MOSC抗压强度结果

编号	碳纤维长度/mm	碳纤维掺量	3 d抗压强度/MPa	7 d抗压强度/MPa	14 d抗压强度/MPa	28 d抗压强度/MPa
A-0	0	0	54.1	64.2	72.5	77.2
T-1	3	0.2%	55.6	62.1	76.1	79.4
T-2	3	0.4%	54.7	66.5	80.6	84.1
T-3	3	0.8%	55.1	65.6	79.8	82.3
T-4	6	0.2%	59.0	65.7	79.8	84.3
T-5	6	0.4%	60.5	71.4	86.1	90.3
T-6	6	0.8%	59.0	66.9	80.1	85.3
T-7	9	0.2%	56.5	63.7	76.4	80.6
T-8	9	0.4%	58.3	67.5	79.3	83.3
T-9	9	0.8%	57.4	65.2	78.4	82.8

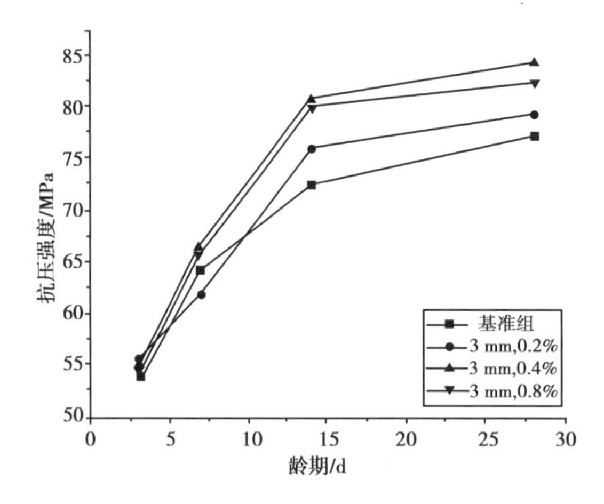

图 3.11　3 mm 碳纤维对 MOSC 抗压强度的影响

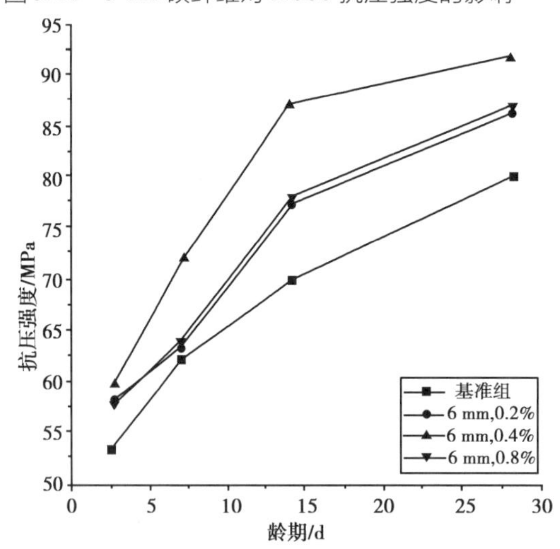

图 3.12　6 mm 碳纤维对 MOSC 抗压强度的影响

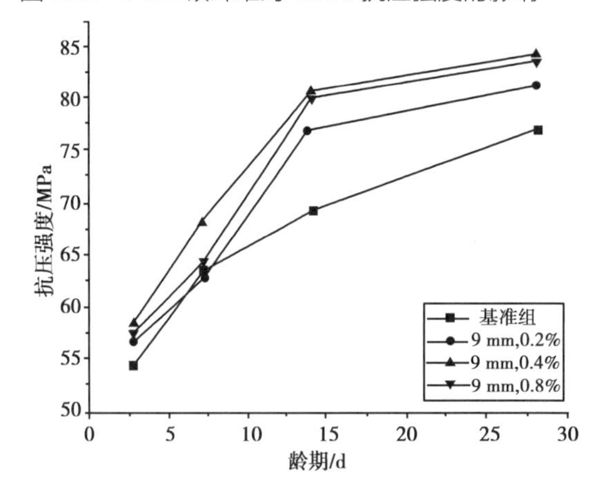

图 3.13　9 mm 碳纤维对 MOSC 抗压强度的影响

除了掺量,纤维长度同样会对 MOSC 的抗压强度产生一定程度的影响。以掺量 0.4% 为例,当选用 3 mm 的长度时,MOSC 的 3 d、7 d、14 d、28 d 的抗压强度都显著提高了。它们的抗压强度与未掺入掺和料的试件相比,分别提高了 1.1%、3.6%、11.2%、8.9%。当纤维长度为6 mm时,增长幅度分别为11.8%、11.2%、18.8%、16.9%;当纤维长度为9 mm时,增长幅度为7.8%、5.1%、9.4%、7.9%。在各个纤维长度中,纤维长度为6 mm时试件的抗压强度最高,其中试件龄期为28 d的抗压强度最高可超过90 MPa。

综上所述,当纤维长度为6 mm,掺量为0.4%时,对碱式硫酸镁水泥抗压强度的提升最佳。当纤维长度过小时,不能充分地分布在材料内部的缝隙中,对试件力学性能的优化并不明显。而当纤维掺量过多时,纤维在胶凝材料内部易发生团聚现象,形成弱结合,导致纤维与胶凝材料的界面结合能力削弱,导致材料的力学性能下降。

3)碳纤维对耐水性能的影响

表3.13为掺入碳纤维后材料在水中养护28 d的抗压强度与自然环境下养护28 d抗压强度。由表3.13可知,掺入适量的碳纤维可以提高碱式硫酸镁水泥浸水后的抗压强度。随着碳纤维掺量的增多,材料的耐水性能逐渐降低。掺入3 mm的碳纤维时,当纤维掺量从0.2%增加至0.8%时,试件的软化系数从0.79减小至0.74。纤维长度为6 mm时,对试件的耐水性能提升效果最好。纤维掺入镁质胶凝材料中,可以填充材料中的孔隙,在一定程度上提高材料的耐水性能。但是,当掺入纤维长度过长掺量过多时,纤维容易发生团聚的现象,对材料内部结构产生不良的影响。若在潮湿环境中使用本材料,选用试件编号为T-4的试件即长度为6 mm,掺量为0.2%的碳纤维掺入材料中效果会更好。

表3.13 掺入碳纤维下碱式硫酸镁水泥强度和软化系数测试结果

编号	碳纤维长度/mm	碳纤维掺量	浸水前抗压强度 R_0/MPa	浸水后抗压强度 R_c/MPa	K_{28}压
A-0	0	0	77.2	58.1	0.75
T-1	3	0.2%	79.4	62.7	0.79
T-2	3	0.4%	84.1	63.3	0.75
T-3	3	0.8%	82.3	61.2	0.74
T-4	6	0.2%	84.3	68.3	0.81
T-5	6	0.4%	90.3	67.0	0.74
T-6	6	0.8%	85.2	62.5	0.73
T-7	9	0.2%	80.6	60.3	0.75
T-8	9	0.4%	83.3	60.1	0.72
T-9	9	0.8%	82.8	60.0	0.72

3.1.5 物理和力学性能总体比较

通过加入椰壳活性炭粉、石墨粉、碳纤维等方式对碱式硫酸镁水泥的流动度能、抗压强度、耐水性能等进行了探究。由试验研究可得:活性炭粉及碳纤维的掺入将降低碱式硫酸镁水泥的流动度,而石墨粉的掺入会增大其流动度;对材料的抗压强度,掺入活性炭粉及石墨粉对材料的抗压强度产生负面的影响,而掺入碳纤维会有效地提升材料的抗压强度,当掺入浆体质量为0.4%、长度为6 mm的碳纤维材料的抗压强度最高；掺入活性炭粉、石墨粉及部分碳纤维均会提升材料的耐水性能，其中掺入氧化镁质量10%的200目石墨粉对材料的耐水性能提升最明显。

3.1.6 表征分析

1）碱式硫酸镁水泥XRD分析

如图3.14所示，A-0-1至A-0-28分别表示材料在龄期1、14、28 d的化学成分。碱式硫酸镁水泥主要由5·1·7相水化产物、MgO、$Mg(OH)_2$、SiO_2组成。A-0-1至A-0-28这3组试件的X衍射图差别不大，随着养护时间的增多，并未生成新的水化产物。在养护1 d时，A-0-1试件的MgO相的衍射峰较高，此时碱式硫酸镁水泥内部还有大量未反应的氧化镁，随着养护时间的增多，MgO衍射峰逐渐平缓，同时$Mg(OH)_2$相衍射峰变高，这是由于在养护初期镁质胶凝材料内部还有大量未反应完全的氧化镁，在养护后期内部的氧化镁才继续与水发生反应生成氢氧化镁。

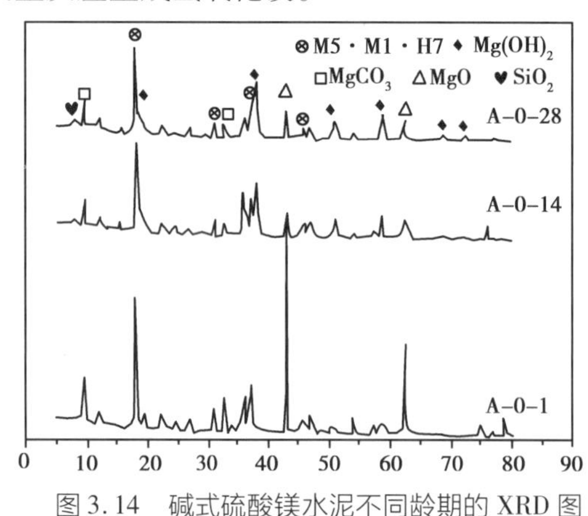

图3.14 碱式硫酸镁水泥不同龄期的XRD图

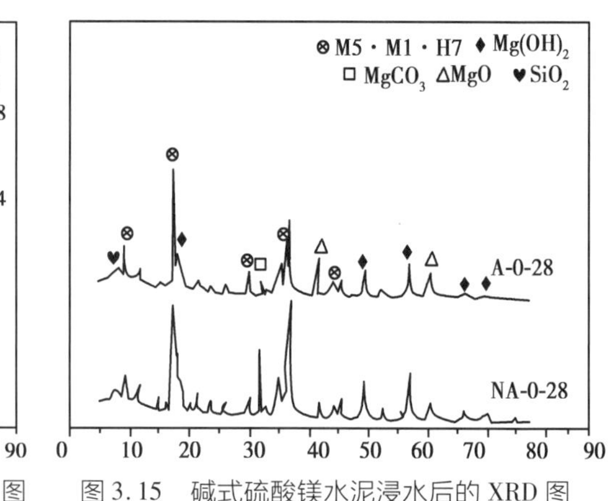

图3.15 碱式硫酸镁水泥浸水后的XRD图

如图3.15所示，A-0-28和NA-0-28分别表示在自然养护28 d及水中养护28 d后的化学成分。通过对各组衍射峰进行对比，可以发现材料在自然养护与水中养护的条件下，内部的主要化学成分不会发生变化。两者之间最明显的差别是，试件在水中养护后MgO衍射峰会减弱，说明浸水之后内部的MgO含量会减小，其主要原因是轻烧氧化镁粉在水中的水化速度较空气中更大。氧化镁在水中反应会生成氢氧化镁并产生明显的结晶应力使水泥石体积明显变大，造成试件裂缝的生成，最后造成试件在水中彻底损坏。由图3.15可知，在水中养护之后，其5·1·7相衍射峰的峰值并没有太大的改变，由此，可以分析出浸水之后材料的力学性能的削弱并不只是因为内部强度相的溶解，其最根本的原因是轻烧氧化镁粉在水中生成了具有膨胀性的$Mg(OH)_2$，导致试件结构破坏。

2）掺和料和纤维改性水泥XRD分析

如图3.16所示，A-0-28、Y-1-28分别表示掺入活性炭粉后的碱式硫酸镁水泥养护28 d的X射线衍射图。可以看出，掺入活性炭粉并没有出现新的衍射峰，掺入活性炭粉并不会在镁质胶凝材料内生成新的水化产物。同时，掺入活性炭粉后，各组的5·1·7相衍射峰的强度均发生了轻微下降。用活性炭粉替代氧化镁粉后会减少碱式硫酸镁水泥内部水化产物的生成，从微观化学物质的生成上可以解释，掺入活性炭粉减少内部水化产物的生成，5·1·7相作为碱式硫酸镁水泥性能提供支撑，活性炭粉会削弱碱式硫酸镁水泥的强度，同时，随着活性炭粉的增多，削弱效果越明显。

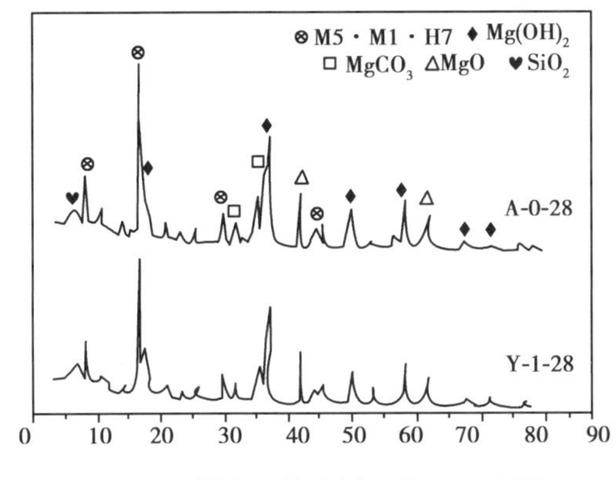

图 3.16　掺入活性炭粉后的 XRD 图像

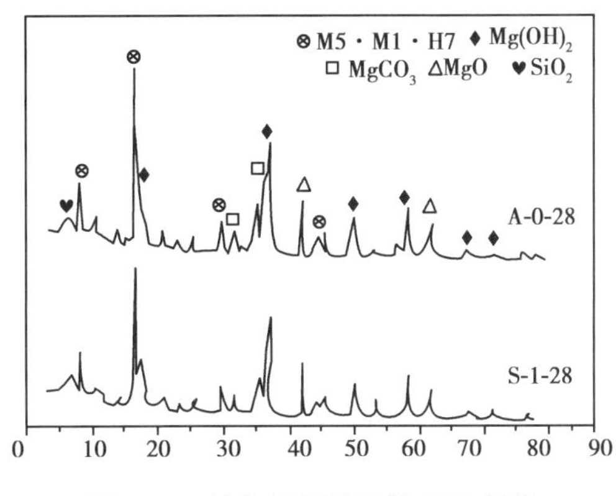

图 3.17　掺入石墨粉后的 XRD 图像

如图 3.17 所示，与掺入活性炭粉原理相似，掺入石墨粉后碱式硫酸镁水泥 5·1·7 相衍射峰强度明显削弱，同时内部的 $Mg(OH)_2$、MgO 相均明显减弱，石墨粉取代氧化镁掺入镁质胶凝材料中后，内部氧化镁含量减少，减少了水化产物的形成。在碱式硫酸镁水泥内加入石墨粉后，其力学性能反而会削弱。

如图 3.18 所示，掺入碳纤维后碱式硫酸镁胶凝材料内部并没有新的物相出现，碳纤维作为惰性填料并不会与材料内部发生化学反应生成新的水化产物。碳纤维掺入后，会降低碱式硫酸镁水泥内部 5·1·7 相衍射峰的强度，但是，由于碳纤维优越的力学性能以及填充效果，掺入碳纤维对碱式硫酸镁水泥力学性能仍会有明显的提升。

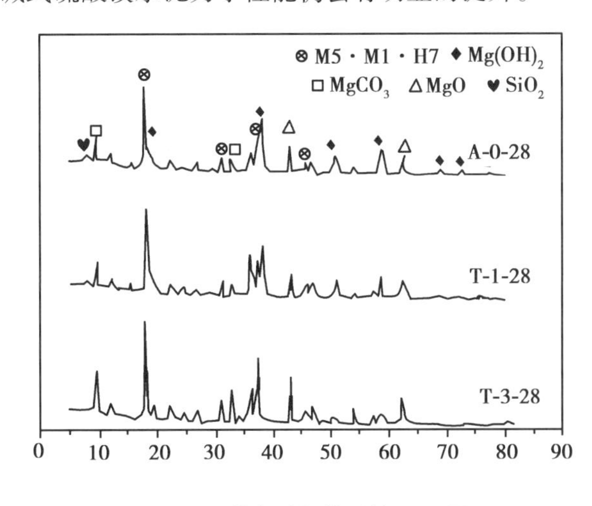

图 3.18　掺入碳纤维后的 XRD 图

3.1.7　微观结构分析

1）碱式硫酸镁水泥电镜分析

如图 3.19 所示，碱式硫酸镁水泥在养护 1 d 时，试件内部的 5·1·7 相晶须较少，且 5·1·7相晶须还未完全生长好，5·1·7相较细。当养护至 28 d 后，碱式硫酸镁水泥内的

5·1·7 相水化产物明显增多，从试件扫描电镜图上可知，试件内部形成了大量的针状的晶体，5·1·7 相晶须较养护初期更为粗壮，它们在试件内部互相交错搭接，填充了内部的空隙，说明在养护 28 d 以后，试件水化反应很充分，试件具有较高强度。

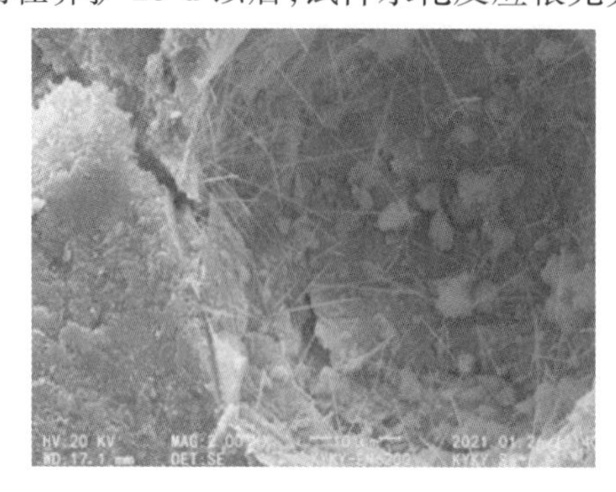

(a)养护 1 d 后的微观形貌

(b)养护 28 d 后的微观形貌

图 3.19　不同龄期的电镜拍摄图

2)掺和料改性水泥电镜分析

如图 3.20 所示为掺入不同粒径的活性炭粉后的扫描电镜照片，图 3.20(a)为掺入 200 目活性炭粉后碱式硫酸镁水泥的微观形貌，从微观图像上可知，200 目活性炭粉作为填料填充在碱式硫酸镁水泥浆体内部，当其填充在碱式硫酸镁水泥内部时，四周覆盖有碱式硫酸镁水泥浆体，与浆体界面结合区的缝隙较小。图 3.20(b)为掺入 20 目活性炭粉后碱式硫酸镁水泥的微观形貌，从图中可知，表面有许多孔洞，20 目活性炭粉孔隙发达，孔洞内填充少许的 5·1·7 相晶须，掺入 20 目活性炭与水泥浆体界面结合区的缝隙较大，当掺入的活性炭粉粒径过大时，将不利于它与水泥浆体的结合。20 目活性炭粉的粒径较大，不能很好地填充碱式硫酸镁水泥内微小的孔隙。从微观形貌上也可以解释，掺入大粒径的活性炭粉后对其力学性能有明显的削弱。

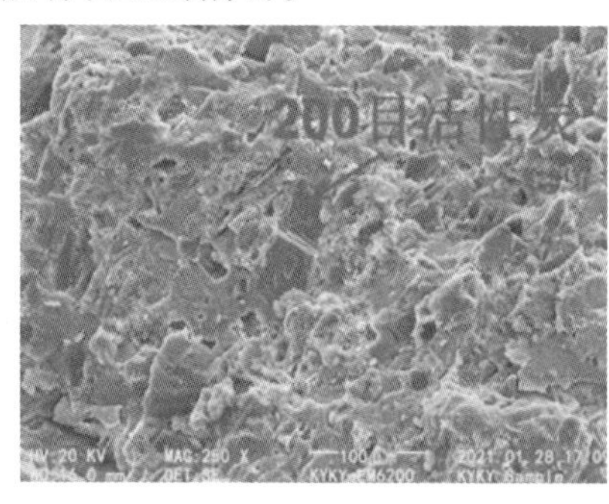

(a)200 目活性炭

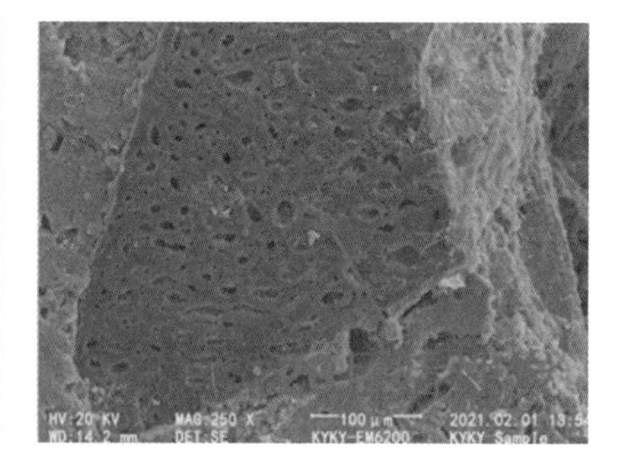

(b)20 目活性炭

图 3.20　掺入活性炭后的电镜拍摄图

如图 3.21 所示为加入石墨粉后碱式硫酸镁水泥的微观形貌，与加入活性炭粉的原理类似，加入小粒径的石墨粉能更好地填充材料内部细小的缝隙。加入 200 目石墨粉的碱式硫酸镁水泥较加入 20 目石墨粉的碱式硫酸镁水泥的受压性能好。从微观图像上观察，石墨粉表面光滑，几乎没有水化产物附着。而活性炭粉的表面有许多孔隙，有少许 5·1·7 相晶须附着在活性炭粉表面。从微观上可以说明活性炭粉掺入后，其较大的孔隙及比表面积将会消耗更多的自由水导致浆体流动度降低,同时它较大的孔隙会导致其力学性能没有表观致密的石墨粉好。

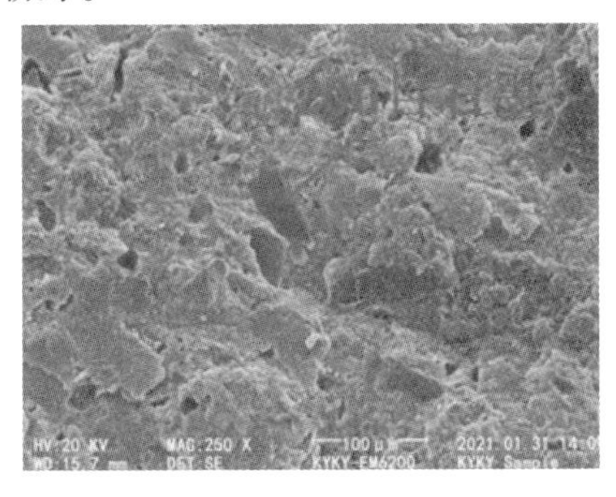

(a)200 目石墨粉

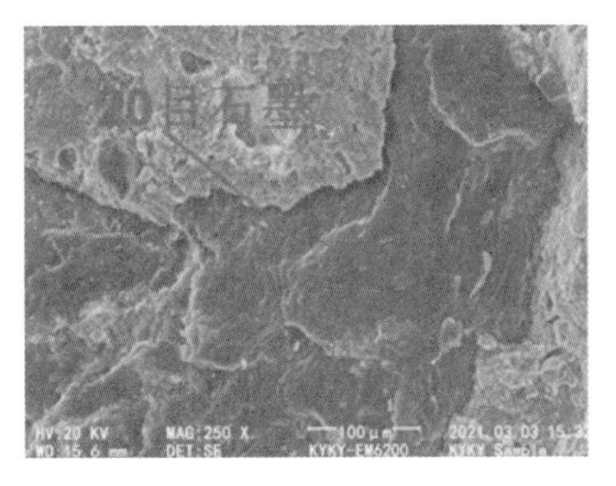

(b)20 目石墨粉

图 3.21　掺入石墨粉后的电镜拍摄图

如图 3.22 所示为掺入碳纤维后的碱式硫酸镁水泥的微观结构的电镜拍摄图,从图中可知碳纤维在材料内部可以填充细小的缝隙,碳纤维表面光滑,有少量的水化产物附着,图中水泥基体少量的凹槽为受力后少部分的碳纤维拔出造成。

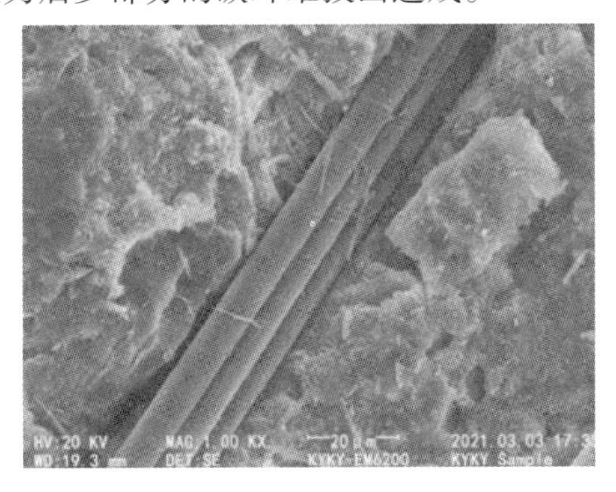

图 3.22　掺入碳纤维后的电镜拍摄图

3.2　网格布对坚实硫酸镁面层材料性能的影响研究

面层材料的拉伸性能是影响复合墙板受弯性能的关键,当对复合墙板进行受弯试验时,复合墙板的破坏主要由下层面层材料发生受拉破坏引起。面层材料的拉伸性能对复合墙板整板的受力性能影响较大,对其拉伸性能的探究十分有必要。

目前,在相关的研究报道及工程应用中,鲜有学者对碱式硫酸镁水泥面层材料拉伸性能进行探究,市面上缺乏相应的性能指标,这极大地限制了复合墙板的推广和应用。同时,在碱式硫酸镁面层材料的实际生产中,玻璃纤维网格布由传送带滚轴直接布置在面板的两侧,并未就玻璃纤维网格布进行有效张拉,无法充分发挥玻纤布的拉伸性能。针对这些问题,本节对面层材料进行了拉伸性能试验,设计了该类面层材料的拉伸试验适用方法,探究了面层材料的拉伸性能指标，同时通过对玻璃纤维网格布施加不同的预拉力，探究了不同预应力的玻璃纤维网格布对面层材料拉伸性能的改善情况。

3.2.1 试验方案

1）试验原材料及性能

采用的七水硫酸镁、氧化镁粉、柠檬酸等原材料及化学外加剂的性能与本书3.1节一致。本节添加玻璃纤维增强网格布作为掺和料对面层材料进行改性处理。玻纤布网孔的尺寸为5 mm×5 mm，如图3.23所示，其相关性能指标见表3.14。

单根玻璃纤维束如图3.24所示，采取吊挂砝码的方式检测单束玻璃纤维的拉伸承载力约为5.6 kN。

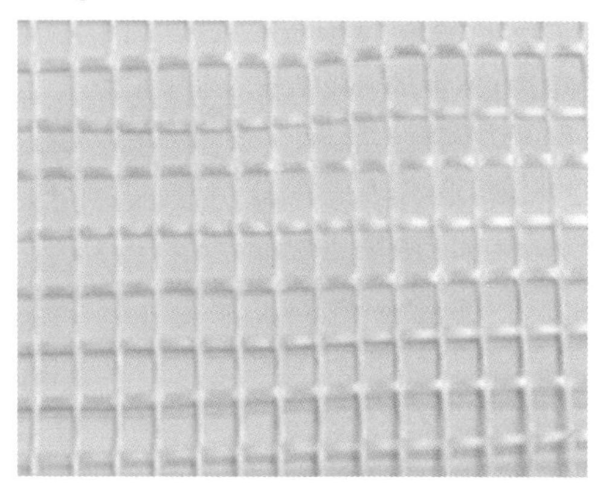

图3.23 玻璃纤维网格布

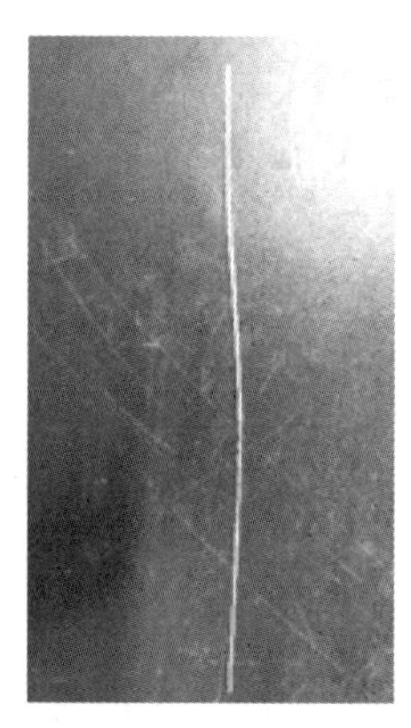

图3.24 单束玻璃纤维

表3.14 纤维网格布性能参数

纤维类型	拉伸断裂强力 N/50 mm	断裂伸长率 /%	单位面积质量 /($g \cdot m^{-2}$)
无碱玻纤布	1 366	2.2	125.5

2）试验设计及试验方法

（1）拉伸试件的设计

本节将对面层材料进行拉伸性能试验，为了有效地采集试件拉伸的位移及荷载数据，控制试件断裂面尺寸及拉伸试验区的一致性，本节试验前对拉伸试件尺寸进行设计。本节拉伸试件设计参照金属材料拉伸试件设计标准，试件整体外观为哑铃状，即两端宽，中间窄。如图3.25（a）所示，当试件两端孔距与试件变截面处相隔较近时，在试件圆孔处会发生剪切破坏。如图3.25（b）所示，当圆孔与试件边缘距离较近或中部尺寸较大时，试件无法在中部拉断且极易在端部发生拉坏。通过调整试件端距、中部尺寸、孔的直径之后，拉伸试件在受拉破坏时的裂缝将出现在试件标距段，如图3.25（c）所示。本书通过反复试验，最后确定了两端尺寸、中部尺寸以及试验拉伸标距。试件两头设置两个圆孔用来布置螺栓，通过螺栓将拉伸试件与拉伸夹具连接在一起，解决了试件在试验过程出现打滑的现象。

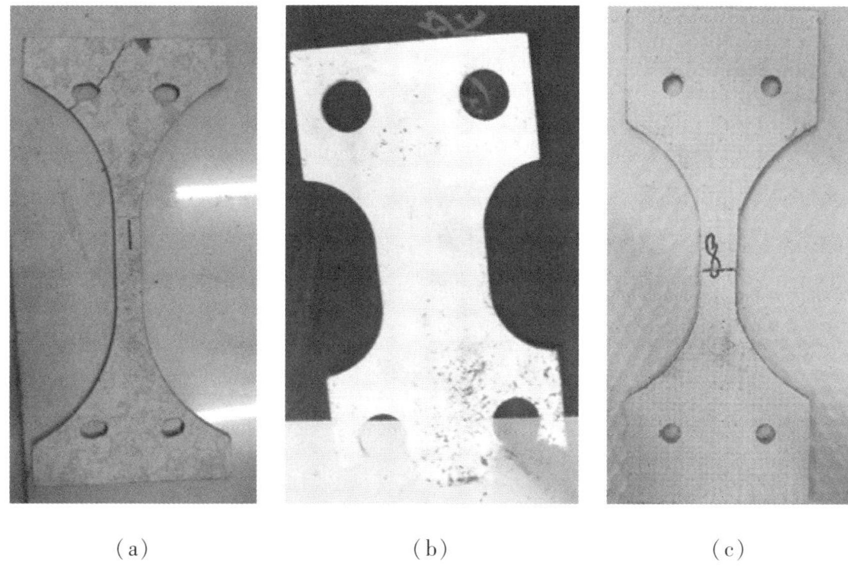

（a） （b） （c）

图 3.25 面层材料拉伸试件的设计

(2)试验装置设计

为了有效地夹持拉伸试件,设计了一套适用于面层材料拉伸试验的夹具。该装置通过两块金属铁板夹持拉伸面板,通过螺栓将拉伸面板固定在金属夹板之间。上层夹板的顶端连接“S”型拉压力传感器,下层夹板的底端通过一根可以转动的金属圆杆与万能机底部连接,通过转动的金属圆杆平衡夹板的左右方向的力,便于拉伸试件轴心受力。拉伸加载夹具如图3.26所示。

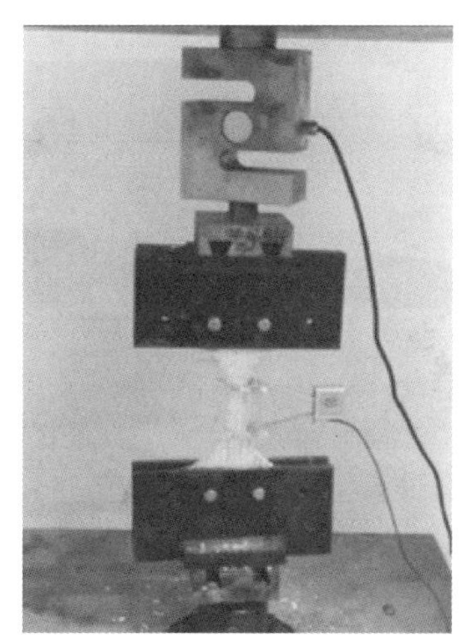

图 3.26 拉伸夹具

(3)面板材料的制备

制作了 3 块不加入玻纤布的面板,旨在探究面层材料本身的拉伸性能以及面层材料适用的拉伸方法。按照 a-MgO∶$MgSO_4$∶H_2O = 7∶1∶20 的比例加上活性氧化镁含量 0.5% 的柠檬酸,制备水泥浆体。将浆体倒入定制的铁模具后振荡刮平,养护 1 d 后拆模,继续在室内养护至龄期 28 d 后进行拉伸试验。

(4)改性面板材料制备

制作了9块加入玻纤布的面板。通过将面板上下两层布置不同预应力玻纤布的方法来改变面板的拉伸性能。首先将玻璃纤维网格布裁剪成固定大小。将裁剪好的玻纤布两端用木条固定。用吊挂重物的方式对玻纤布施加预应力，预应力大小分别为玻纤布承载力的40%、50%、60%，并依次称取相应质量的重物用以对玻纤布施加预应力。玻璃纤维网格布将铺设在面板的上下两侧，先将底层的玻纤布吊挂上重物铺设在模具上。模具两侧有金属滚轴，用以减小摩擦力。在模具内注入水泥浆体后，再将挂有重物的玻纤布铺设在水泥浆体之上，再倒入适量的浆体振荡刮平后继续在室内养护1 d后拆模，拆模前应先对玻纤布两端施加的重物进行卸载。对预应力卸载的方式应控制吊挂重物的时间为24 h，两端重物应同时卸载。对预应力玻纤布卸载后，可对试件进行脱模。将脱模后的试件继续放在常温下养护至龄期28 d后进行力学试验。

(5)面板拉伸试验

面板拉伸试验在液压万能试验机上进行。采用引伸计夹持在试件两端的方式测试试件的位移变化，用S型拉压力传感器对拉伸试件的拉力进行测量，将采集的数据通过东华动态数据采集器导出。加载采用位移控制，加载速率为0.5 mm/min。

3.2.2 破坏形态

对不加入玻纤布的面板材料，试件在刚开始加载时处于弹性阶段，试件表面平整无裂缝生成，随着拉力不断增加，当达到破坏荷载时，试件断裂，生成明显的水平裂缝。该拉伸试件在破坏前没有明显的变化，瞬间破坏，在破坏后只产生了一条裂纹，试件拉伸破坏属于脆性破坏，如图3.27(a)所示。

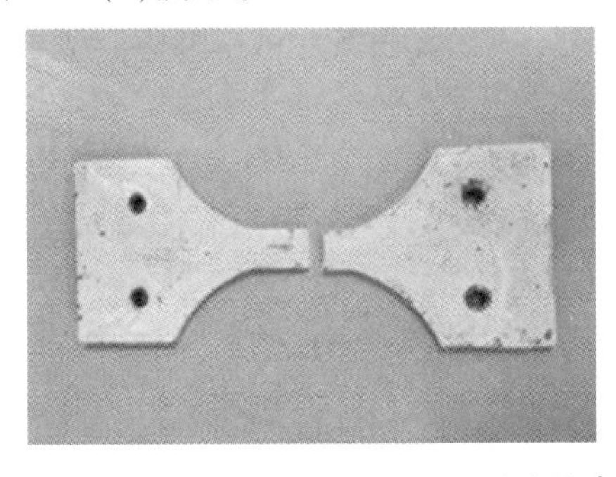

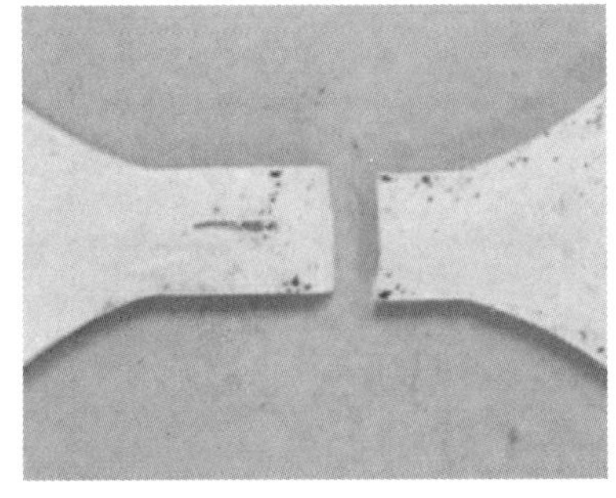

(a)无玻纤布

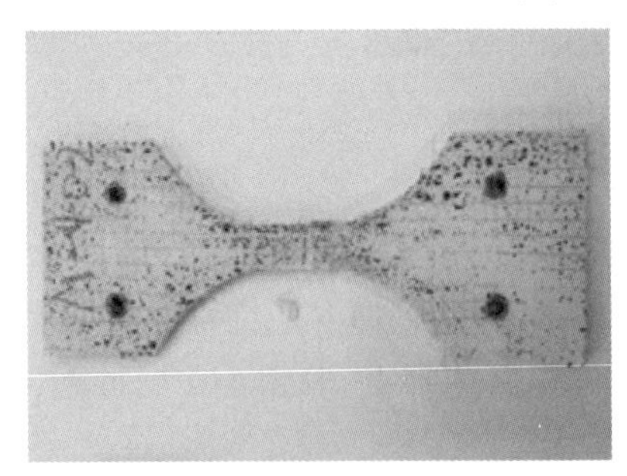

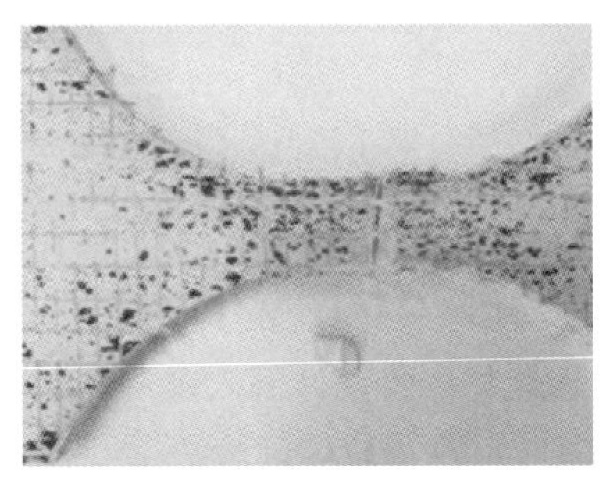

(b)40%预应力玻纤布

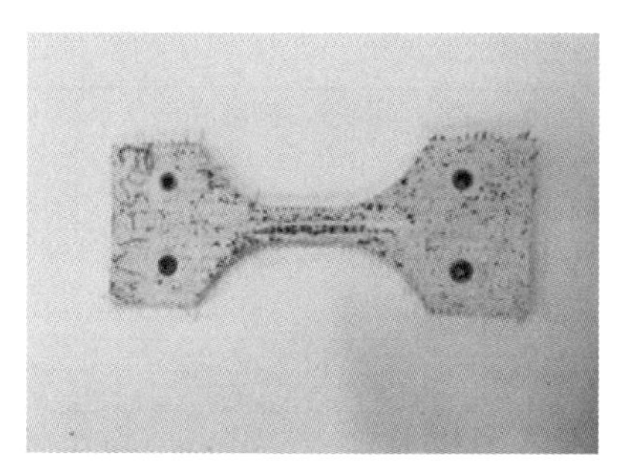
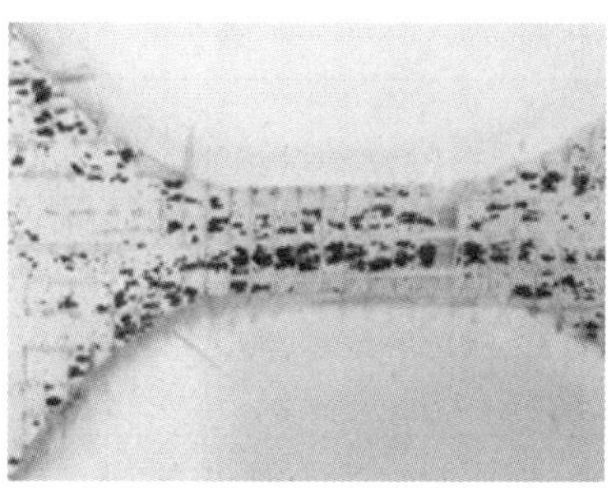

(c)50%预应力玻纤布

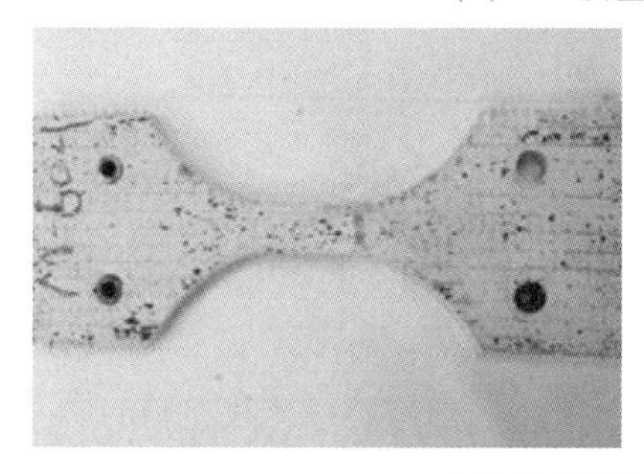
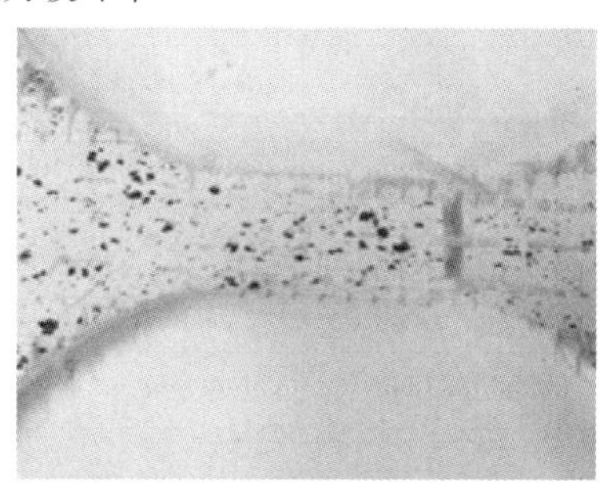

(d)60%预应力玻纤布

图3.27　拉伸试件破坏图

如图3.27(b)—图3.27(d)所示为不同预应力水平的试件破坏图。掺入玻纤布之后的碱式硫酸镁面层材料,在加载初期试件属于弹性阶段,试件表面平整,没有生成裂纹;在加载了一段时间后,试件中部开始出现一条细小的裂纹;伴随着加载力不断增加,裂纹逐渐明显,面层材料表面的碱式硫酸镁水泥浆体出现轻微脱落,裂缝缓慢增大,此时试件并未完全断裂;当拉力达到面层材料的破坏荷载时,面板内浆体完全裂开,而内部玻纤布未发生断裂,玻璃纤维网格布处于紧绷的状态,当玻纤布被拉断之后面板材料才完全断裂。

3.2.3　试验结果及分析

1)试验结果

由表3.15及图3.28可知,当试件未布置玻璃纤维网格布时,试件的平均拉伸强度只有5.49 MPa。当试件承受的荷载为材料的极限拉伸应力时,拉伸试件突然破坏,应力骤降为0,不掺入玻纤布的面层材料的破坏应变约为0.004 5。

当对面层材料内部布置玻璃纤维网格布之后,面层材料的拉伸强度得到明显的提升。对玻纤布施加40%的预应力时,面板的平均拉伸强度由5.49 MPa提升到7.29 MPa,面层材料的应力-应变曲线出现了明显的应力屈服平台,加入玻纤布可以在一定程度上减小面层材料的变形,增大面层材料的延性。随着对玻璃纤维网格布施加的力逐渐增大,碱式硫酸镁面层材料的拉伸强度也逐渐增大。对玻纤布施加50%的预应力后,面层材料的应力提升得更明显了,由5.49 MPa提升到8.03 MPa。对玻纤布施加60%的预应力后,面层材料的极限受拉应力可达9.35 MPa,对面层材料拉伸性能提升明显,抗拉极限应力较不掺入玻纤布的面层材料提升了70.3%。

表 3.15　改性面板拉伸试验结果

试件编号	玻纤布预应力	极限应变	平均极限应变	破坏荷载/kN	平均拉伸强度/MPa
M-0-1	0	0.004 4	0.004 5	0.525	5.49
M-0-2	0	0.004 6		0.593	
M-0-3	0	0.004 6		0.529	
M-40-1	40%	0.006 1	0.006	0.704	7.29
M-40-2	40%	0.005 9		0.713	
M-40-3	40%	0.006		0.770	
M-50-1	50%	0.006 5	0.006 3	0.795	8.03
M-50-2	50%	0.006 1		0.775	
M-50-3	50%	0.006 42		0.84	
M-60-1	60%	0.006 63	0.007	0.981	9.35
M-60-2	60%	0.007 06		0.889	
M-60-3	60%	0.007 24		0.936	

注:字母第一个数字编号为玻纤布承载力的百分比,第二个数字编号为试件排序。

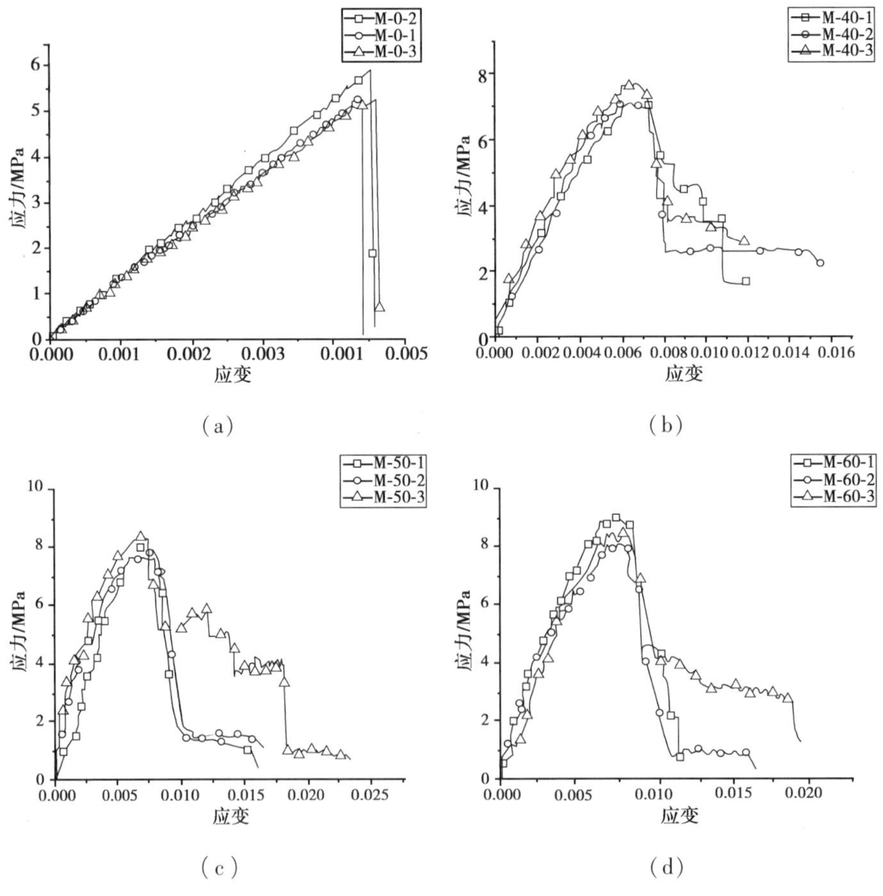

图 3.28　改性面层材料拉伸-应力应变曲线

2)比较分析

对纤维增强网格布施加一定预应力后,纤维增强网格布在张拉后会弹性回缩,从而对面层材料施加压应力。当面层材料受到外界拉应力时,会首先抵消预压应力,随着外部荷载不断增加,面层材料才会受拉开裂。但是由于纤维增强网格布张拉松弛及内部的摩擦应力等,在预张拉过程中会出现预应力损失。本书中单根纤维束的拉伸荷载为 5.6 kN,拉伸试件受拉区布置 3 根纤维束,取纤维束的拉伸荷载的 40%、50%、60% 对纤维增强网格布进行预张拉,理论破坏荷载为面板破坏荷载及玻纤布预应力之和。为进一步探究纤维增强网格布对面层材料的性能影响,本节将理论破坏荷载及实际破坏荷载进行比较分析,见表 3.16。

表 3.16　改性面板预应力分析表

试件编号	玻纤布预应力	预应力大小/kN	理论破坏荷载/kN	实际破坏荷载/kN	实际破坏荷载(平均)/kN	预应力损失/kN
M-0-1	0	0	0	0.525	0.549	0
M-0-2	0			0.593		
M-0-3	0			0529		
M-40-1	40%	6.72	7.269	0.704	0.729	7.089
M-40-2	40%			0.713		
M-40-3	40%			0.770		
M-50-1	50%	8.4	8.949	0.795	0.803	8.146
M-50-2	50%			0.775		
M-50-3	50%			0.84		
M-60-1	60%	10.08	10.629	0.981	0.935	9.694
M-60-2	60%			0.889		
M-60-3	60%			0.936		

3.3　本章小结

本章研究了活性炭粉、石墨粉、碳纤维等对材料流动度、抗压强度、耐水性等性能和材料表征、微观结构的影响;采用玻璃纤维网格布对面层材料进行改性处理,对玻纤布施加不同预应力,研究对面板力学性能的增强作用。

①各掺和料和纤维的加入,都会引起 MOSC 的流动度发生明显的变化,其中加入活性炭粉、碳纤维会降低其流动度,而加入石墨粉则会使其流动度增大。

②加入活性炭粉、石墨粉对碱式硫酸镁水泥各个养护周期的强度均产生负面影响。比

较两种掺和料，加入活性炭粉后试件的受压强度削弱更加明显。加入碳纤维会增强碱式硫酸镁水泥的受压性能，选用长度 6 mm、掺量 0.4% 的纤维加入材料中，碱式硫酸镁水泥的抗压强度最高。就材料的抗压强度而言，编号为 T-5 的试件抗压强度最高。

③加入掺和料后会对碱式硫酸镁水泥的耐水性能产生不同程度的影响，当粉状掺和料活性炭粉及石墨粉的粒径为 200 目时会提高碱式硫酸镁水泥的耐水性能；当加入浆体质量 0.2%、长度为 6 mm 的碳纤维后，材料的耐水性能最佳。就材料的耐水性能而言，编号为 Y-1、S-1、T-4 的试件耐水性能最好。

④从微观分析上看，碱式硫酸镁水泥内的化学物质主要为 5·1·7 相水化产物、MgO、$Mg(OH)_2$等，对碱式硫酸镁水泥加入活性炭粉、石墨粉、碳纤维后，胶凝材料内部并不会发生化学反应。它们通过影响胶凝材料内部的微观形貌以及化合物的含量等方式对碱式硫酸镁水泥的性能产生影响。

⑤面层材料拉伸破坏为脆性破坏，当加载至面层材料的极限强度时，试件突然破坏，此时面层材料的极限应力为 5.49 MPa。

⑥当掺入不同预应力的玻纤布之后，面层材料的拉伸性能得到明显的提升。当试件破坏时，玻纤布在拉伸试件内充分发挥作用，提高了拉伸试件的抗拉强度。当玻纤布预应力为 40%、50%、60% 时，面层材料的拉伸强度分别为 7.29 MPa、8.03 MPa、9.35 MPa，与不掺入玻纤布的面层材料相比提升了 32.8%、46.3%、70.3%。

⑦当面层材料在拉伸破坏时，掺入玻纤布的面层材料的应力-应变曲线将出现平应力区，玻纤布能够有效地增加面层材料的延性。

4　墙板受力性能研究

4.1　抗弯性能研究

目前,复合墙板广泛地应用于实际工程中,可作为外墙、隔墙、屋面板等构件。它在工程中应用的部位不同,所受到的荷载也不同,外墙板、屋面板受到风荷载以及风雨和高温的影响,特别是在高层建筑中。《建筑隔墙用轻质条板通用技术要求》(JG/T 169—2016)中有明确规定,要求其抗弯承载力不低于其自重的1.5倍。

本节对聚苯颗粒复合墙板等进行一系列的抗弯承载力试验,探究其厚度、在墙板中间加肋、温湿度、墙板养护期对其抗弯承载力的影响,为实际工程提供理论依据并为后续产品改良提供数据。

4.1.1　试验方案

1)加载布置

采用200 mm×150 mm×100 mm钢块(6块)作为墙板支座,将建筑用细砂装入300 mm×400 mm自封袋进行加载,采用3 cm量程百分表(3个)进行跨中挠度测量,将其通过磁力支座固定在可升降百分表固定支座上。墙板抗弯试验加载布置如图4.1所示。

图4.1　墙板抗弯加载布置图

探究温湿循环对墙板抗弯性能影响时，将板材置于环境仓中。所用环境仓为微环境与人工气候室，型号为 CABR-QH1302，净尺寸为 3 m×4 m×2.7 m，温度的调节范围为 -5 ~ 40 ℃，湿度为 30% ~95%，风速为 0.0 ~ 1.5 m/s。调节环境仓温度为 40 ℃，湿度为 70%，24 h后将墙板取出，进行墙板抗弯试验。微环境与人工气候室如图 4.2 所示。

图 4.2　微环境与人工气候室

2）试验工况

每个试验工况进行 3 个重复试验，试验工况见表 4.1，其中加肋是在墙板中间沿长度方向加水泥肋条，如图 4.3—图 4.6 所示。温湿环境 1 表示试验期间的普通室内环境，温度为 20 ℃，湿度为 80%；温湿环境 2 表示将墙板在加载前，放置于人工气候室 24 h 后再取出进行加载，内部温度为 40 ℃，湿度为 60%。

表 4.1　墙板规格及数量

工况	板厚/mm	养护时间/d	加肋数	温湿环境
B1	50	7	0	1
B2	50	14	0	1
B3	50	28	0	1
B4	75	7	0	1
B5	75	14	0	1
B6	75	28	0	1
B7	100	7	0	1
B8	100	14	0	1
B9	100	28	0	1
B10	100	7	2	1
B11	50	28	0	2
B12	100	28	0	2

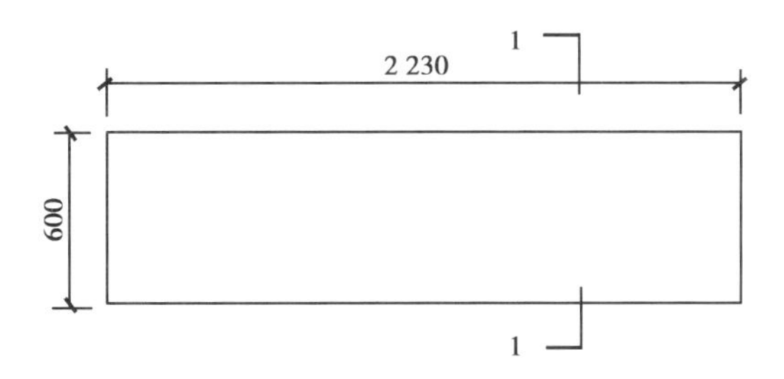

图 4.3　聚苯颗粒复合墙板尺寸图

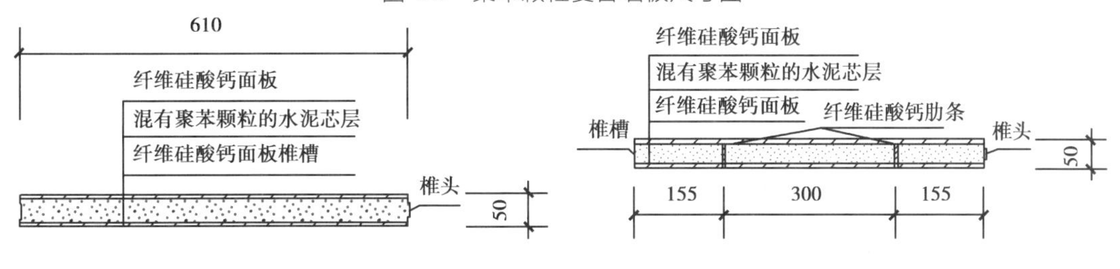

图 4.4　1-1 剖面图（不加肋）　　图 4.5　墙板 1-1 剖面图（加肋）

图 4.6　聚苯颗粒复合墙板内部加两肋位置图

3）加载方案

采用分级加载，每 12 袋砂袋铺满墙板为一级加载。试验装置安装好后，将板空载 2 min 后进行加荷载，前 5 级加载荷载不大于板自重的 30%，每次加载完成后持荷 2 min，记录每级荷载的试验数据，墙板未破坏再继续下一级加载。前面 5 级加载完成后，按前面分级继续加载，后面每级加载需持荷 5 min，直至加载到墙板破坏，记录每一级加载的试验数据。

《建筑隔墙用轻质条板通用技术要求》（JG/T 169—2016）要求，加载时按照不少于 5 级施加荷载，每级荷载不大于板自重的 30%。结合墙板产品说明中的参考自重，确定了本次试验中不同厚度墙板的自封袋装砂质量，见表 4.2。

表 4.2　不同厚度墙板对应的砂袋质量

墙板厚度/mm	砂袋质量/kg
50	2
75	2
90	3
100	3
120	5
150	5

4.1.2 试验结果及分析

1) 试验破坏现象

加载过程中,墙板的跨中变形明显。加载前期,每级跨中挠度变化比较规律,处于明显的弹性变形阶段。破坏之前百分表读数迅速增大,指针跳动,然后墙板发生断裂。墙板断裂前出现的裂缝较少,属于脆性破坏。典型的破坏截面如图 4.7 所示。

图 4.7 墙板受弯破坏截面情况

墙板的竖向荷载总和与跨中挠度的关系基本成正比关系,这是因为聚苯颗粒复合墙板受弯破坏的全过程主要为墙面板和聚苯颗粒混凝土芯材的受拉开裂、裂缝发展到最终贯通的过程,该过程主要属于脆性破坏。如图 4.8 所示为 100 mm 厚墙板在 14 d 龄期的荷载-位移曲线,3 个重复试验结果比较接近,几乎体现不出塑性变形。其他工况的荷载-位移曲线与其相似,后续不再列出各自的荷载-位移曲线,而仅从极限荷载、最大挠度等关键参数进行描述。

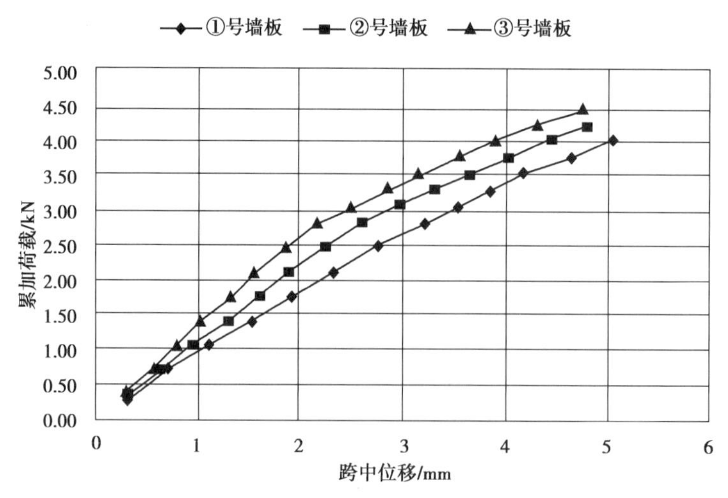

图 4.8 100 mm 墙板 14 d 龄期受弯荷载-挠度曲线

2)抗弯承载能力

表4.3列出了所有墙板抗弯试验得到的荷载、挠度等结果数据。

表4.3 墙板抗弯试验结果

试件编号	养护时间/d	总荷载/kg	跨中挠度/mm	墙板自重/kg	荷重比
B1a	7	120	7.36	65.1	1.84
B1b	7	120	7.22	67.6	1.78
B1c	7	120	7.56	70.2	1.71
B2a	14	144	8.41	68.4	2.11
B2b	14	168	8.56	71.6	2.35
B2c	14	144	8.4	65.3	2.21
B3a	28	172.44	8.11	67.22	2.57
B3b	28	190.32	8.08	69.44	2.74
B3c	28	190.32	8.55	70.02	2.72
B4a	7	240	5.08	90.5	2.65
B4b	7	216	4.62	89.4	2.42
B4c	7	168	3.39	92.6	1.81
B5a	14	264	5.73	91.7	2.88
B5b	14	288	6.21	93.1	3.09
B5c	14	264	5.61	89.3	2.96
B6a	28	214.26	4.64	79.84	2.68
B6b	28	178.56	4.22	79.64	2.24
B6c	28	178.56	4.31	83.8	2.13
B7a	7	360	4.75	119.4	3.02
B7b	7	408	4.38	123.6	3.30
B7c	7	408	4.45	120.7	3.38
B8a	14	408	5.04	118.2	3.45
B8b	14	432	4.81	124.3	3.48
B8c	14	456	4.76	122.8	3.71
B9a	28	500.16	4.55	121.2	4.13
B9b	28	476.4	4.21	121.22	3.93
B9c	28	476.4	4.16	118.85	4.01
B10a	7	408	4.36	122.7	3.33
B10b	7	384	4.02	117.6	3.27

续表

试件编号	养护时间/d	总荷载/kg	跨中挠度/mm	墙板自重/kg	荷重比
B10c	7	432	4.53	126.2	3.42
B11a	28	168	8.23	69.1	2.43
B11b	28	192	8.41	74.2	2.59
B11c	28	168	8.35	71.4	2.35
B12a	28	480	4.66	125.1	3.84
B12b	28	456	4.57	122.4	3.73
B12c	28	480	4.73	124.8	3.85

《建筑隔墙用轻质条板通用技术要求》(JG/T 169—2016)要求的墙板抗弯承载力大于其自重1.5倍,从表4.3中可知,所有试件均能够满足该基本要求。龄期对墙板的抗弯承载力影响显著,28 d龄期的强度最大可达7 d龄期强度的1.5倍左右。墙板跨中挠度主要受板厚的影响,随龄期的变化不显著,这是因为7 d左右的混凝土已经基本形成刚度,后续变形差异不大。

加肋的B10组试件和不加肋的同条件B7组试件相比,强度和挠度都差异不大。从整体受力情况分析,两根肋条的截面积较小,相对整板抗弯承载力的提升效果极其有限,对抗弯刚度的提升几乎可以忽略,反映出荷载和挠度都接近的试验现象。肋条的加入,应该对墙板沿厚度方向的变形能力有显著提升。

B11组和B12组是经过干湿循环的50 mm和100 mm厚试件,对应的分别是B3组和B9组。通过对比发现,24 h的干湿循环对抗弯强度和挠度没有太大影响。

4.2 抗压性能研究

在实际工程中复合墙板除了承受水平荷载之外,还要承受自重引起的竖向荷载,特别是高大空间的墙体,底部墙板还需要承受其上墙板的重力荷载。墙板自身平面内的抗压强度,是墙板的一项重要性能。

本节通过从成品墙板中切取棱柱试块,通过用万能试验机对不同高度的棱柱试块进行加载获得棱柱试块抗压强度数据,进而推导整块板的竖向抗压承载能力,为其应用于实际工程中以及后续的产品改良提供依据。

4.2.1 试验方案

将 100 mm 厚的聚苯颗粒复合墙板切割成不同高度的试块，从 100 mm 到 600 mm，每个工况进行 3 个重复试验，见表 4.4。试验加载装置为 WDW-1000H 微机控制电子万能试验机，量程为 100 kN，如图 4.9 所示。

表 4.4 抗压试块工况表

工况	试块规格/mm
Y1	100×100×100
Y2	100×100×200
Y3	100×100×300
Y4	100×100×400
Y5	100×100×500
Y6	100×100×600

图 4.9 WDW-1000H 万能试验机

4.2.2 试验结果

如图 4.10 所示为不同工况的代表性试件破坏图。高度为 100 mm 的立方体试块的面层材料和芯材的接触面最小，受压时芯材的横向膨胀导致面层和芯材之间发生剥离。其余 5 个尺寸的试件，均是底部或者顶部的局部面层材料压坏，进而聚苯颗粒混凝土芯材被压碎导致墙板破坏。

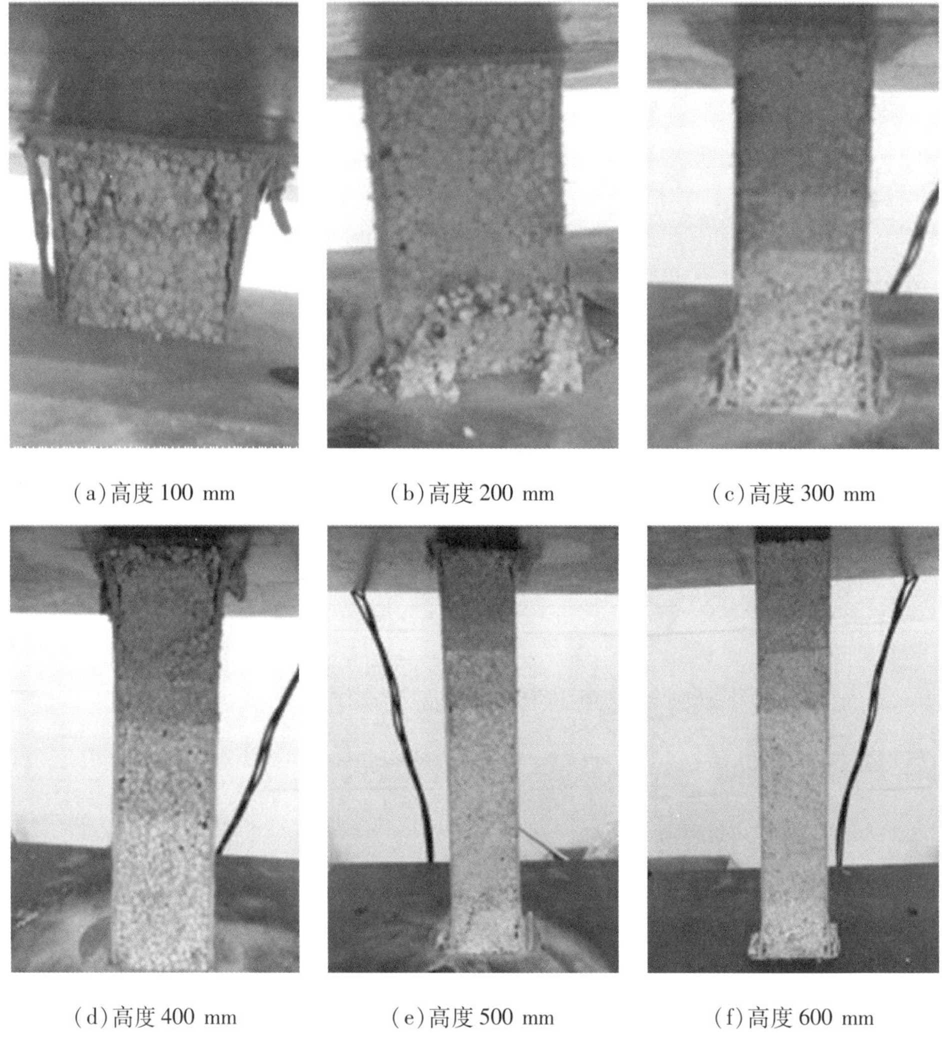

(a)高度 100 mm　(b)高度 200 mm　(c)高度 300 mm

(d)高度 400 mm　(e)高度 500 mm　(f)高度 600 mm

图 4.10　抗压试验试件破坏图

所有试件的受压破坏强度见表 4.5,其中的破坏强度为破坏荷载除以受压试件截面积。由于破坏荷载作用在面层和芯材两种材料上,因此,该强度并不是真实某个截面的强度,而是一种等效强度或者名义强度。受压试件的高度对整体强度具有显著的影响,这主要是因为高度越大,初始偏心、弯曲等非理想因素容易被放大而引起面层材料实际受压增大,而在顶部或者底部首先引起破坏。从平均强度可知,试件高宽比不超过 2 时,对测得强度影响不大,这应该是墙板受压试件的临界高宽比。

表 4.5　墙板受压试验破坏强度

工况	试块规格/mm	破坏强度/MPa	平均强度/MPa
Y1a	100×100×100	2.513	2.29
Y1b		2.252	
Y1c		2.102	

续表

工况	试块规格/mm	破坏强度/MPa	平均强度/MPa
Y2a	100×100×200	2.171	2.27
Y2b		2.280	
Y2c		2.359	
Y3a	100×100×300	2.278	2.19
Y3b		2.026	
Y3c		2.253	
Y4a	100×100×400	1.966	1.90
Y4b		1.805	
Y4c		1.928	
Y5a	100×100×500	1.385	1.81
Y5b		1.798	
Y5c		1.823	
Y6a	100×100×600	1.263	1.38
Y6b		1.558	
Y6c		1.304	

4.3 本章小结

本章主要研究了聚苯颗粒复合墙板的单板力学性能。根据墙板在实际使用中的受力状态,分别进行了墙板抗弯和抗压性能试验研究,获得了以下结论:

①聚苯颗粒复合墙板受弯破坏属于脆性破坏。墙板厚度和龄期对抗弯承载力和跨中挠度影响较大,直到28 d龄期时墙板强度仍有增长。墙板的加肋对抗弯承载力和挠度提升不明显,但对墙板厚度方向的收缩应有改善作用。24 h的温湿循环过程对墙板抗弯性能影响不大。

②墙板的等效受压强度相对于常规混凝土而言比较低,不同高度的试件,强度只有1.3~2.5MPa。试件高宽比对试验结果影响较大,故推荐使用高宽比不超过2的试件。

5 墙板连接性能研究

复合墙板的连接,作用在于把独立的墙板形成整体,与其他墙板和主体结构共同承受各种受力,共同实现各项使用功能。本章从两个方面介绍墙板的连接性能研究:一是墙板与主体结构的连接;二是墙板与墙板之间的板缝连接。

5.1 与主体结构连接研究

复合墙板通过与梁、板、柱等结构构件连接,实现与主体结构有效的连接。常见的连接形式主要有聚合物砂浆连接、钩头螺栓连接、U 形卡连接等。

聚合物砂浆连接主要用于墙板和地板之间的连接,该连接在墙板自身重力作用下主要承受压力,同时承受少量剪力,一般不作为主要的受力连接形式,失效概率不大。钩头螺栓连接是将钩头螺栓的长直部分贯穿整个墙体,且其端部用螺母固定在墙板一侧,钩头部分与角钢的任一肢焊接,角钢另一肢再与钢梁或钢柱焊接。相比其他的连接方式,此连接方式不仅可以适应墙板较大的转动变形,还能避免产生较大的应力集中。U 形卡连接方式是将与墙板同厚度的 U 形卡与主体结构连接,这种连接方式施工方便、成本低、应用较广。

聚合物砂浆连接一般不作为主要受力连接进行验算,本节主要针对钩头螺栓连接时的板端冲切性能和 U 形卡连接时的墙板受剪性能开展讨论。

5.1.1 钩头螺栓墙板冲切性能研究

墙板自重和墙面装饰材料等使螺栓承受竖向荷载,分析螺栓受力情况可知,墙板的受力点主要来自螺栓,墙板有可能在螺栓孔处出现裂缝或直接被拉断,而连接点的强度决定了整个墙板的受力性能。在实际工程中对螺栓的边距基本取决于工人经验,对于不同螺栓,不同墙板厚度下墙板破坏荷载随边距的变化都没有明确的参考数据,不同工况对墙板破坏荷载的影响也没有对比分析。基于此现状,本节通过对打入墙板中的一系列螺栓进行加载试验,测得对应墙板的破坏荷载,得到不同工况下所对应墙板的破坏荷载,从而获得复合墙板与主体结构之间的钩头螺栓连接性能。

1) 试验工况

根据螺栓挤压墙板的可能破坏情况，选择墙板试块平面尺寸为600 mm×300 mm。考虑不同的板厚、螺栓直径和螺栓边距，考察墙板对钩头螺栓的抗冲切性能，试验工况见表5.1，打好孔的墙板试件如图5.1所示。

表5.1 钩头螺栓试验工况表

墙板编号	墙板厚度 t/mm	螺栓直径 d/mm	螺孔边距 w
LS01	100	10	$4d$
LS02	100	10	$5d$
LS03	100	10	$6d$
LS04	100	12	$4d$
LS05	100	12	$5d$
LS06	100	12	$6d$
LS07	100	14	$4d$
LS08	100	14	$5d$
LS09	100	14	$6d$
LS10	75	10	$4d$
LS11	75	10	$5d$
LS12	75	10	$6d$
LS13	75	12	$4d$
LS14	75	12	$5d$
LS15	75	12	$6d$
LS16	75	14	$4d$
LS17	75	14	$5d$
LS18	75	14	$6d$

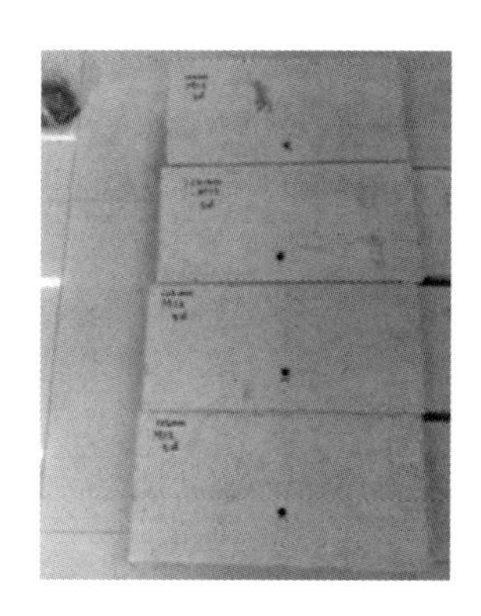

图5.1 钩头螺栓受力试验试件图

2) 加载方案

钩头螺栓对墙板的力,主要是直螺栓端对墙板的挤压力,试验将钩头螺栓简化为直螺栓,采用重力堆载进行分级加载。加载时将墙板试件直立放在可调支座上,用铁链将堆载平台小车悬挂在螺栓上,然后在堆载平台上逐级放置配重铁块。配重铁块质量有 15.8 kg、6.82 kg、3.88 kg 3 种,每种铁块若干。加载时先堆放较重的配重,临近承载力极限时堆放较轻的配重。每级加载持续 20 s 后再进行下一级加载,如图 5.2 所示。

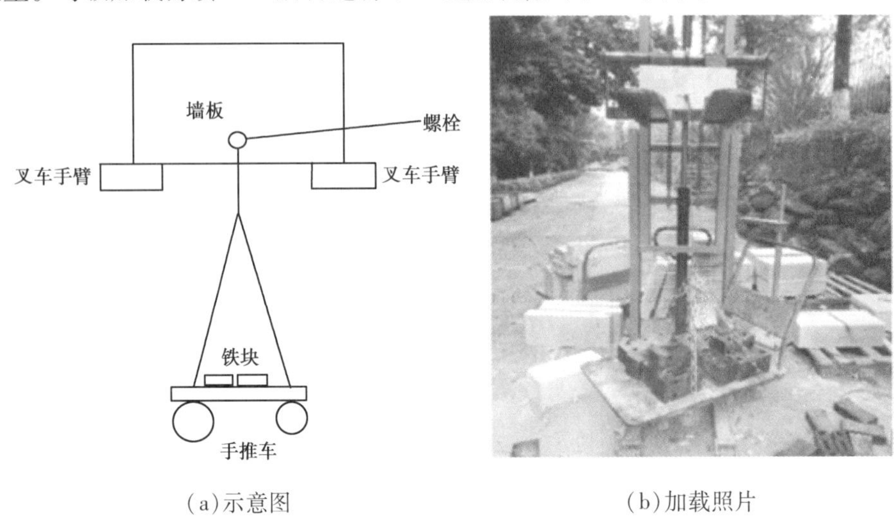

(a)示意图　　(b)加载照片

图 5.2　墙板受螺栓冲切试验加载图

3) 试验结果

所有试块的破坏情况如图 5.3 所示。从图可知,图 5.3(j)和图 5.3(r)出现了墙板水平方向拉断,其余墙板均属于连接部位破坏。连接破坏模式均为螺栓下部墙板破坏,其拉脱角度远大于 45°,有的破坏面甚至接近水平,不属于冲切破坏,而应该是聚苯颗粒复合墙板受拉性能相对较弱,造成螺栓下部和上部受拉破坏。所有墙板受螺栓冲切的破坏荷载见表 5.2。

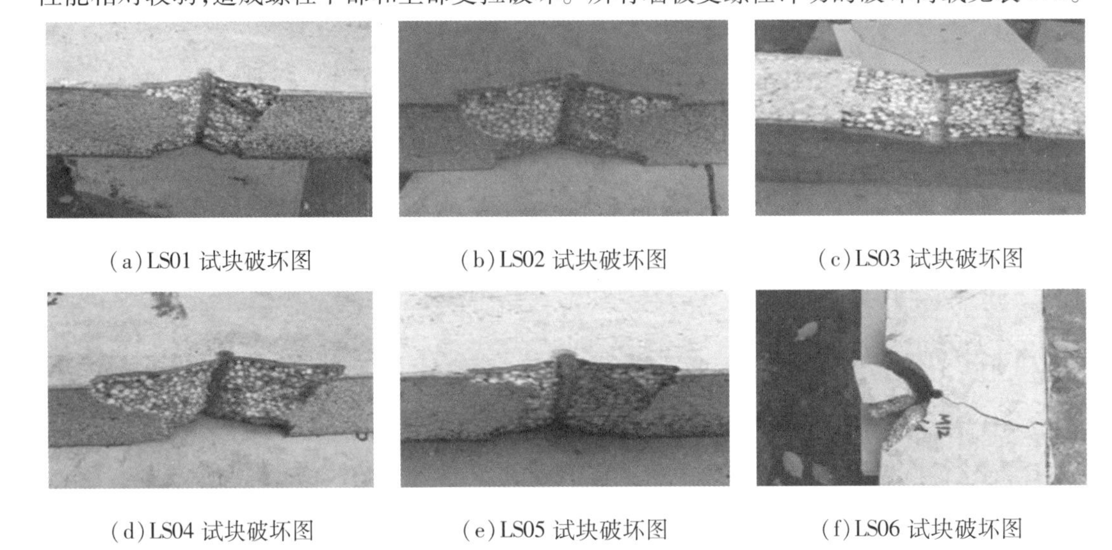

(a) LS01 试块破坏图　　(b) LS02 试块破坏图　　(c) LS03 试块破坏图

(d) LS04 试块破坏图　　(e) LS05 试块破坏图　　(f) LS06 试块破坏图

(g)LS07 试块破坏图　(h)LS08 试块破坏图　(i)LS09 试块破坏图

(j)LS10 试块破坏图　(k)LS11 试块破坏图　(l)LS12 试块破坏图

(m)LS13 试块破坏图　(n)LS14 试块破坏图　(o)LS15 试块破坏图

(p)LS16 试块破坏图　(q)LS17 试块破坏图　(r)LS18 试块破坏图

图 5.3　螺栓冲切破坏图

表 5.2　墙板螺栓冲切破坏荷载

单位:kN

板厚 t	100 mm			75 mm		
螺栓直径 d	10 mm	12 mm	14 mm	10 mm	12 mm	14 mm
$w=4d$	2.42	3.19	3.71	1.17	1.95	2.76
$w=5d$	2.81	3.4	3.92	1.58	2.03	2.98
$w=6d$	3.24	3.78	4.01	1.81	2.67	3.33

将表5.2中板厚为100 mm的强度数据除以板厚为75 mm的对应数据,则可以得到两种

不同厚度的墙板破坏强度的比值,见表5.3。从中可知,该比值随螺栓边距变化的趋势不明显,但均随螺栓直径的增大而显著减小。

表5.3　墙板破坏强度比值:100 mm/75 mm

螺栓直径 d	10 mm	12 mm	14 mm
$w=4d$	2.07	1.64	1.34
$w=5d$	1.78	1.67	1.32
$w=6d$	1.79	1.42	1.20

螺栓到墙板的边距对连接强度的影响如图5.4所示。从图中可知,连接破坏强度随着边距增大,基本呈线性提升趋势,且在不同的螺栓直径和墙板厚度试验中,强度线性增长的斜率比较接近。

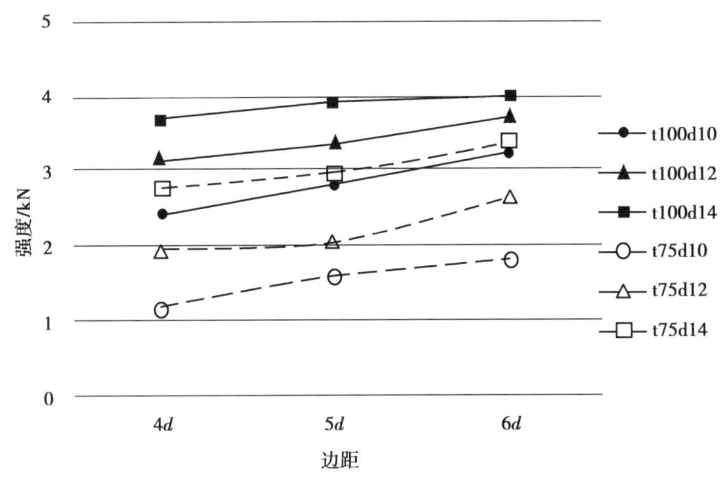

图5.4　螺栓边距对连接强度的影响

螺栓直径对连接强度的影响情况如图5.5所示。从图中可知,连接破坏强度随着螺栓直径的增大,基本呈线性提升趋势,且在不同的螺栓边距和墙板厚度试验中,强度线性增长的斜率比较接近。

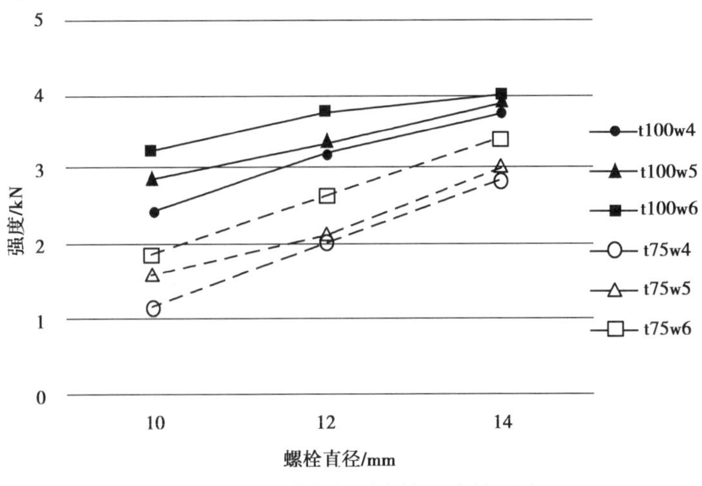

图5.5　螺栓直径对连接强度的影响

5.1.2 U 形卡连接墙板受剪性能研究

U 形卡一般布置在墙板的侧面和顶面,不仅可用于墙板精准定位,还可以传递墙板平面外的受力。目前实际工程中对 U 形卡的使用完全取决于工程经验,没有进行受力分析,也没有使用指导。本节通过针对不同厚度的墙板和不同尺寸的 U 形卡进行受力试验,探索 U 形卡连接的破坏模式和极限荷载规律,为工程应用提供依据。

1)试验工况

选取 100 mm 和 150 mm 两种不同厚度的聚苯颗粒复合墙板,根据工程中常用尺寸 U 形卡宽度选择 50 mm 和 75 mm,U 形卡长度选择 75 mm 和 100 mm。

U 形卡连接墙板受剪试验工况见表 5.4。试件编号规则为:“U”代表 U 形卡试验,其后的两位数字表示墙板厚度,“-”后的前两位数字代表 U 形卡宽度,末尾的两位或者 3 位数字代表 U 形卡长度。

表 5.4 U 形卡连接墙板受剪试验工况表

试件编号	墙板尺寸/mm	U 形卡尺寸/mm
U10-5075	400×200×100	102×50×5×75
U10-50100	400×200×100	102×50×5×100
U10-7575	400×200×100	102×75×5×75
U10-75100	400×200×100	102×75×5×100
U15-5075	400×200×150	152×50×5×75
U15-50100	400×200×150	152×50×5×100
U15-7575	400×200×150	152×75×5×75
U15-75100	400×200×150	152×75×5×100

2)加载方案

采用量程为 300 kN 微机控制电液伺服万能试验机进行加载。采用两个尺寸为80 mm×80 mm×6 mm 的矩形钢管作为支座。将试验所需的 U 形卡焊接在矩形钢管支座对立两侧,U 形卡两侧通长焊接。将两个矩形钢管支撑放在万能压力机台座上的两侧,然后将墙板卡进两侧矩形钢管支撑上的 U 形卡槽内。在墙板上放置一块 240 mm×200 mm×15 mm 垫板,将万能机的集中荷载转化为均布荷载。用万能压力机以 0.2 kN/s 的速率施加压力,观察试验现象和试件破坏情况,直至节点破坏。加载布置如图 5.6 所示。

3)试验结果

加载 100 mm 厚墙板过程中,墙板内部会发出脆裂的声音,随后在 U 形卡下肢的周围区域出现首条裂缝。随着荷载的逐渐增大,裂缝向墙板顶部斜向发展。加载到破坏荷载时,裂缝贯通整个墙板厚度,墙板完全破坏,破坏情况如图 5.7 所示。加载 150 厚墙板时,前期现象与 100 mm 厚墙板一致,但随着压力增大,U 形卡下肢逐渐开始弯曲,其后下肢处墙板被挤压破坏,破坏情况如图 5.8 所示。

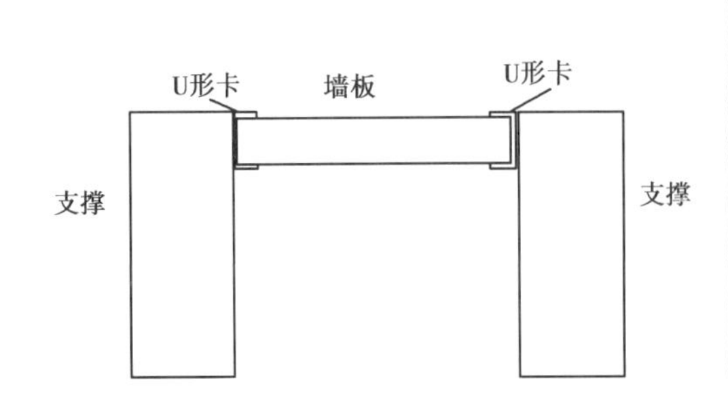

(a)示意图　　(b)实体图

图 5.6　U 形卡受剪性能加载布置

(a)U10-5075　　(b)U10-50100

(c)U10-7575　　(d)U10-75100

图 5.7　100 mm 厚墙板 U 形卡连接受剪破坏情况

(a)U15-5075-U 形卡弯曲　　(b)U15-5075-墙板压坏

(c)U15-50100-U 形卡弯曲

(d)U15-50100-墙板压坏

(e)U15-7575-U 形卡弯曲

(f)U15-7575-墙板压坏

(g)U15-75100-U 形卡弯曲

(h)U15-75100-墙板压坏

图 5.8　150 mm 厚墙板 U 形卡连接受剪破坏情况

U 形卡连接的破坏形式和极限荷载见表 5.5。从表中可知，板厚对承载力的影响最大，150 mm 厚墙板的承载力可达 100 mm 厚墙板的 3 倍以上，这是因为 150 mm 厚的墙板不会发生剪切破坏，而是先形成 U 形卡弯曲，后发生墙板局部挤压破坏。另外，墙板宽度和长度的影响规律不够明显，这应该是聚苯颗粒混凝土芯材的抗剪承载力具有一定离散性造成，需要进一步探索。

表 5.5 U 形卡破坏荷载

试件编号	破坏情况	极限荷载/kN
U10-5075	节点处墙板破坏	10.56
U10-50100	节点处墙板破坏	8.27
U10-7575	节点处墙板破坏	9.58
U10-75100	节点处墙板破坏	7.12
U15-5075	U 形卡下肢被压坏,墙板被挤坏	22.7
U15-50100	U 形卡下肢被压坏,墙板被挤坏	31.37
U15-7575	U 形卡下肢被压坏,墙板被挤坏	35.29
U15-75100	U 形卡下肢被压坏,墙板被挤坏	37.75

5.2 墙板之间连接研究

聚苯颗粒复合墙板之间的连接,按照目前我国相关图集,用钢筋打入聚苯颗粒混凝土芯材进行连接,再在墙板表面接缝处挂网抹灰,这是一种主要的连接方式。然而对该方式的各种参数,如钢筋和挂网的具体规格缺乏选取依据。本节针对钢筋连接和网格布连接两种形式,开展一系列针对性试验,探索各种参数的影响规律。

5.2.1 钢筋与墙板连接性能研究

本节采用钢筋混凝土黏结滑移试验方法,用不同的墙板材料拉拔试件,探讨钢筋与各墙板的锚固黏结性能,分析破坏形态。具体考察钢筋的直径、类型、锚固长度以及植筋材料对钢筋和各装配式墙板黏结性能的影响。

1)试件制作

将复合墙板切割成 200 mm × 200 mm × 100 mm 的试件,每个试件在 200 mm × 100 mm 的平面上进行钻孔植筋,具体操作流程如下:

①弹线定位。本次试验的孔洞全部选择在试件的中间进行。

②钻孔。采用冲击钻钻孔,钻头直径应该比植入钢筋的直径大 5 mm 左右,考虑本次试验的最大植入钢筋为 $\phi12$,本次试验所选用的钻头为 20 mm。

③进行清孔洗孔作业。钻孔过程会产生相当多的灰尘,不清理灰尘将会大大降低后锚固的拉拔力值,本次清孔先用毛刷清孔,然后用吹风机进行除尘处理。

④注胶作业。本次试验的植筋胶为改性环氧注射式植筋胶,注胶采用手动注射器。

⑤注胶完成后应该立即进行植筋工作。钢筋经过除锈处理后,慢慢单向旋入孔洞,不可中途停止或是逆向反转,一直到钢筋全部深入孔底。

2)加载方案

采用加载框架进行钢筋和聚苯颗粒混凝土的拔出试验。

加载框架上层板和下层板厚度均为 16 mm,上层板与试件接触承担试件的全部压力。上下板之间在 4 个对称角的位置都预留有直径为 20 mm 的螺栓孔,用于 4 根螺栓支撑,以便把试件固定,使得试件在拉拔受力时不至于产生松动或者偏移,提高试验的准确性,避免试验的误差;中间预留 20 mm 的孔径,使待拉拔的钢筋通过这个孔径能够与上面的万能试验机的夹具连接;下端留有锚栓,能够与下端的万能试验机连接,起到固定的作用。加载采用力控制,速率为 0.2 kN/s。加载框架如图 5.9 所示,采用 300 kN 的万能试验机进行加载的情况如图 5.10 所示。

图 5.9 加载框架

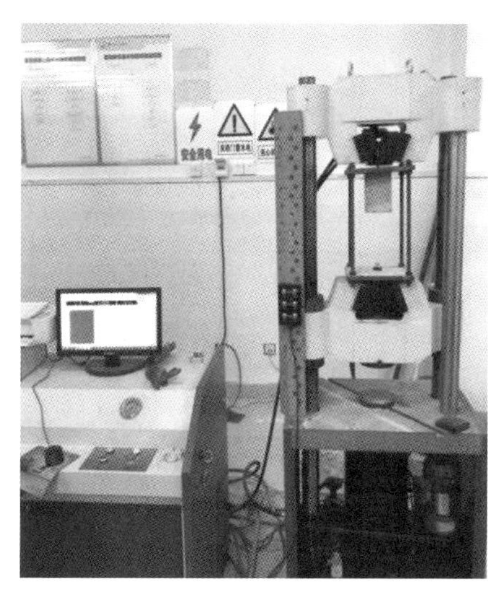

图 5.10 万能试验机加载

3)试验工况

选用 HRB400 和 HPB300 两种强度等级的钢筋,钢筋表面为光圆和螺纹两种形式,钢筋直径有 8 mm、10 mm、12 mm 3 种,钢筋锚固长度为 80 mm 和 130 mm 两种,每个工况进行 3 个重复试验。试验具体工况见表 5.6。

4)试验结果

在所有的试验工况中,钢筋直接拔出破坏是出现最多的。从机理上分析,钢筋和聚苯颗粒混凝土之间的黏结力主要包括化学黏结力、钢筋和混凝土之间的机械咬合力、摩擦力。当拔出荷载较小时,主要的黏结力是植筋胶提供的化学黏结力。超过化学黏结力极限后,钢筋产生拔出趋势,此时钢筋(或者植筋胶)和混凝土之间的机械咬合力和摩擦力开始发挥作用。当外荷载持续增加,突破咬合力和摩擦力极限时,滑动面产生,钢筋被拔出。植筋胶体与钢筋的截面黏结力、植筋胶体自身的抗剪强度均比聚苯颗粒混凝土与植筋胶体的截面黏结力强,破坏现象为钢筋带着植筋胶体整体从聚苯颗粒混凝土中拔出,如图 5.11 所示。

部分工况锚固长度较大,或者钢筋相对较粗,拔出的极限荷载显著增加。当极限荷载超过聚苯颗粒混凝土自身劈裂极限承载力时,就会先发生混凝土劈裂破坏,之后钢筋被拔出,如图 5.12 所示。

表 5.6　钢筋拔出试验工况表

编号	钢筋直径/mm	锚固长度/mm	钢筋表面
d8-1	8	80	光滑
d8-2	8	130	光滑
d8-3	8	80	带肋
d8-4	8	130	带肋
d10-1	10	80	光滑
d10-2	10	130	光滑
d10-3	10	80	带肋
d10-4	10	130	带肋
d12-1	12	80	带肋
d12-2	12	130	带肋

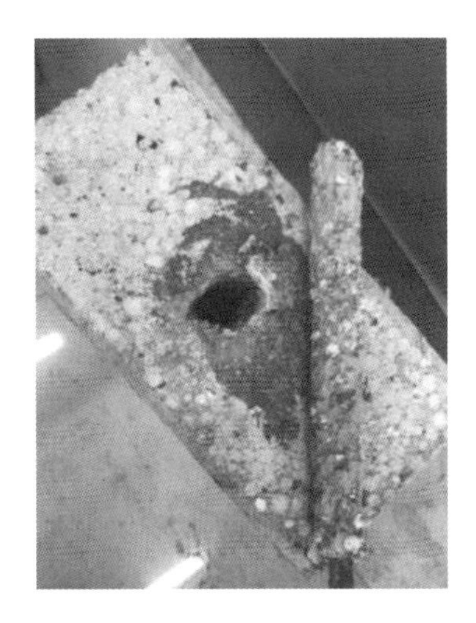

图 5.11　钢筋直接拔出破坏

图 5.12　混凝土劈裂破坏

所有试件的极限荷载、黏结应力、峰值滑移和破坏情况见表 5.7，其中工况编号后的“a”“b”“c”表示 3 个重复性试验结果。

表 5.7 钢筋拉拔试验结果汇总

编号	极限拉拔荷载/kN	黏结应力/MPa	峰值滑移值/mm	试件破坏情况
d8-1a	9.42	4.69	1.12	拔出破坏
d8-1b	10.27	5.11	1.16	拔出破坏
d8-1c	9.87	4.91	1.21	拔出破坏
d8-2a	13.16	4.03	1.05	拔出破坏
d8-2b	12.86	3.93	1.11	拔出破坏
d8-2c	13.57	4.16	1.00	拔出破坏
d8-3a	10.37	5.16	1.21	拔出破坏
d8-3b	10.51	5.23	1.16	拔出破坏
d8-3c	10.26	5.11	1.08	拔出破坏
d8-4a	14.42	4.42	1.04	拔出破坏
d8-4b	14.94	4.57	1.06	拔出破坏
d8-4c	13.97	4.28	1.03	拔出破坏
d10-1a	12.51	4.98	0.85	拔出破坏
d10-1b	11.97	4.97	0.87	拔出破坏
d10-1c	12.03	4.79	0.89	拔出破坏
d10-2a	17.13	4.19	0.87	拔出破坏
d10-2b	14.37	3.52	0.97	拔出破坏
d10-2c	13.76	3.37	0.86	拔出破坏
d10-3a	9.37	3.73	0.83	拔出破坏
d10-3b	13.46	5.37	0.74	拔出破坏
d10-3c	12.89	5.13	0.86	拔出破坏
d10-4a	16.67	4.08	0.83	拔出破坏
d10-4b	14.54	3.56	0.79	拔出破坏
d10-4c	19.13	4.69	0.92	拔出破坏
d12-3a	13.57	4.50	1.14	劈裂拔出破坏
d12-3b	17.94	5.95	0.51	劈裂拔出破坏
d12-3c	13.63	4.52	0.99	劈裂拔出破坏
d12-4a	21.45	4.37	0.65	劈裂拔出破坏
d12-4b	19.58	4.00	0.88	劈裂拔出破坏
d12-4c	21.36	4.36	0.89	劈裂拔出破坏

所有工况的钢筋黏结应力-滑移曲线如图5.13所示，由图可知，所有的曲线均在某个范围之内，大多数的滑移不超过0.8 mm，大多数剪应力不超过4 MPa。

取出某个12 mm直径钢筋的曲线，如图5.14所示，整个曲线可分为3个阶段：①轻微滑移阶段（*OA*段），在极限荷载15%以下时，滑移量较小，主要依靠钢筋和植筋胶之间的化学黏结力抵抗荷载；②滑移阶段（*AB*段），荷载为极限荷载的15%～80%时，滑移量逐渐增大，此时主要是植筋胶体和聚苯颗粒混凝土之间的机械咬合力和摩擦力抵抗外荷载；③破坏阶段（*BC*段），在接近极限荷载时，滑移速度增加，最后机械咬合力和摩擦力均失效，聚苯颗粒混凝土被劈裂破坏，钢筋整体拔出。

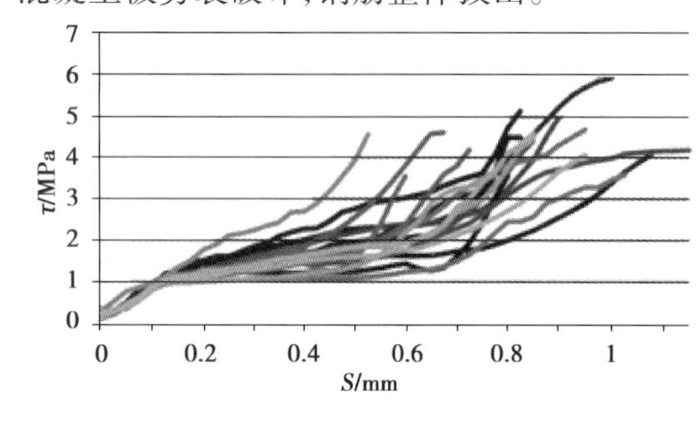

图5.13 所有钢筋的黏结应力-滑移曲线

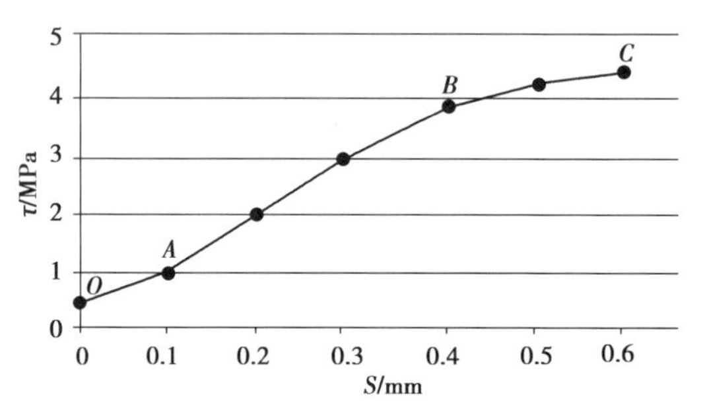

图5.14 某典型钢筋的黏结应力-滑移曲线

5.2.2 网格布与墙板连接性能研究

网格布与墙板连接性能的主要影响因素有3个：抹灰砂浆强度、黏接剂强度、黏结长度即黏结面积。网格布只能承受拉力，网格布与墙板的连接受力主要是连接部位的受剪。本小节采用对网格布和墙板进行剪切加载的方式进行连接性能试验，研究搭接长度、粘贴材料规格影响规律，通过最大荷载、受力的滑移、破坏的形态等试验结果，研究网格布与聚苯颗粒复合墙板的连接性能。

1）试验材料

本试验所采用的聚苯颗粒复合墙板试块尺寸为200 mm×200 mm×100 mm，由整板切割而成。

采用3种不同类型的抗裂耐碱玻璃纤维网格布，3种网格布具体规格见表5.8。

表5.8 抗裂耐碱玻璃纤维网格布参数表

规格	克重/（g·m^{-2}）	网眼大小/mm	断裂伸长率/%
CNP80-5×5	80	5	3.4
CNP170-5×5	170	5	3.0
CNP300-5×5	300	5	2.7

①CNP300-5×5规格，目前通常被用来作高档家装、别墅内外墙的装修，此规格的小网格尺寸为4 mm×4 mm，横向采用两条较细的纤维线编织，纵向采用单根较粗的玻璃纤维线编织，如图5.15（a）所示。

②CNP170-5 ×5 规格,常常被用于房屋装修使用,具有极高的性价比。170 g 的规格相对于 300 g 规格,其在编织在横向和纵向都有比较明显的区别,但其小孔的面积同样为 4 mm ×4 mm,如图 5.15(b)所示。

③CNP80-5 ×5 规格,目前是工地上常用的用于加固裂缝,或是装配式板缝加固的首选材料。这种规格的材质比较简单,质地一般,相对于 CNP300-5 ×5 和 CNP170-5 ×5 造价较低,但抗拉能力较小,如图 5.15(c)所示。

(a)CNP300-5 ×5 规格

(b)CNP170-5 ×5 规格

(c)CNP80-5 ×5 规格

图 5.15 抗裂耐碱玻璃纤维网格布规格

2)试验工况

针对 3 种不同规格的玻璃纤维网格布,分别设置了 100 mm 和 150 mm 两种黏结长度,运用抗剪试验考察连接性能,每个工况进行 3 组重复试验,见表 5.9。

表 5.9 网格布连接抗剪试验工况表

工况编号	材料规格	黏结长度/mm	试验组数
M30-15	CNP300-5 ×5	150	3
M30-10	CNP300-5 ×5	100	3
M17-15	CNP170-5 ×5	150	3
M17-10	CNP170-5 ×5	100	3
M08-15	CNP80-5 ×5	150	3
M08-10	CNP80-5 ×5	100	3

3)加载方案

试验所用加载和读数设备包括 FCY-10100 型千斤顶、ZDY-03 型测力显示仪、YLR-3F 型压式负荷传感器、BG1-1-10-1 型百分表。

试验中由千斤顶施加荷载,并在加载端安装压力传感器读取实际压力值,加载装置布置如图 5.16 所示。

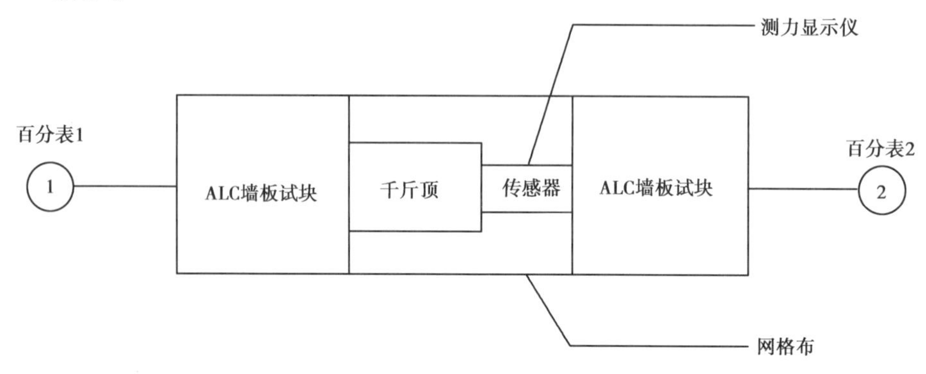

(a)加载装置示意图

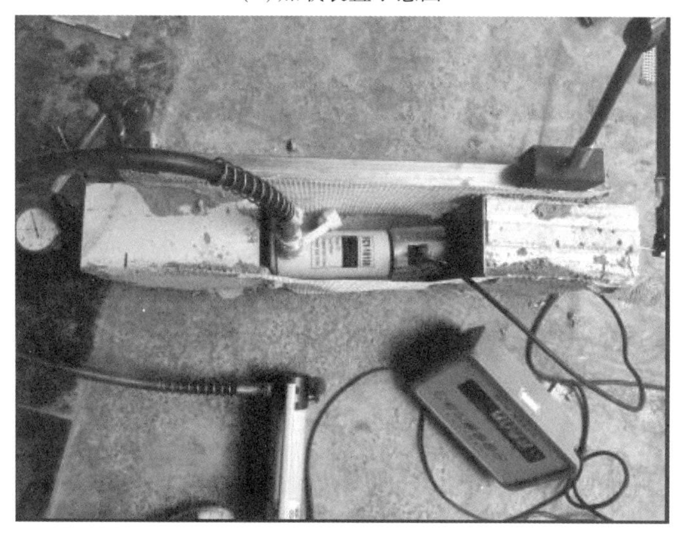

(b)加载装置实际照片

图 5.16　网格布抗剪试验加载装置

用两块大小与承受荷载截面等面积的钢板紧贴在承受荷载的截面,将千斤顶的集中荷载转换为均布荷载。在千斤顶和传感器的下方放置大小合适的垫块,使荷载施加于钢板的中心。试块的相对滑移通过在试块两端安装百分表进行测量。

试验加载方式为持续式分级加载,每级加载 2 kN,直至试件破坏。每级荷载大概静置 1 min,待百分表静置后记录读数。在安置好仪器和试块后,先用千斤顶预压大约 1 kN,使得纤维布紧绷,再卸载至零荷载。

4)试件制作

试验试件所用的黏接剂为掺有纤维的特制水泥,将配置好的砂浆分两遍均匀地涂抹于干燥的装配式墙板试块的外表面,制作过程为:①第一次涂抹厚度控制在 2.0 mm,所涂抹的面积应略大于网格布的搭接面积，同时要防止砂浆涂抹到试块的侧边，影响试验效果；②将网格布横向搭接于涂抹了砂浆的装配式墙板试块的外表面上，并使网布充分嵌入砂浆中，保证网格布不产生弯曲和皱褶；③待试块表面干燥后，再在其上进行第二次涂抹，保证网格布不外露，并与墙面充分连接；④第二次涂抹的砂浆厚度控制在 1.0 mm；⑤涂抹完成后，将试件整体进行养护，试验时，昼夜平均气温高于 15℃，设定本试验养护时间为 48 h。试件如图 5.17 所示。

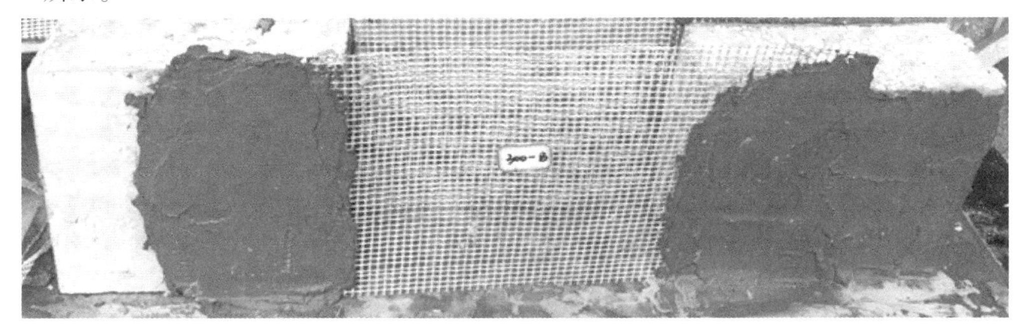

图 5.17　网格布连接试件

5）试验结果

不同的试验工况呈现出不同的破坏现象。当黏结长度较小或者网格布较强的时候，砂浆面积也较小，砂浆与墙面板之间首先发生抗剪破坏，表现为网格布完好，而在砂浆黏结处与墙板剥离，如图 5.18(a)所示；当黏结长度增加时，砂浆层抗剪能力与网格布抗拉能力相当，会发生网格布部分拉坏，同时砂浆处开裂、脱落的现象，如图 5.18(b)所示；当黏结长度进一步提高，或者网格布强度较弱时，会出现砂浆处完好无损，网格布全部拉断的情况，如图 5.18(c)所示。

(a)网格布完好，砂浆剥离

(b)网格布和砂浆均破坏

(c)网格布拉断,砂浆完好

图5.18　网格布连接破坏现象

表5.10列出了网格布连接试验所有工况的极限破坏荷载,从中可知,网格布的规格对极限荷载具有较为显著的影响。结合破坏现象分析,这不仅是因为网格布自身的抗拉强度提升,还因为较粗的网格布纤维可以与砂浆之间形成更可靠的黏结。此外,搭接长度对极限荷载有一定的提升作用,但不一定完全与搭接长度成比例,这是因为在网格布较弱时,起控制因素的是网格布自身强度。

表5.10　网格布连接破坏荷载

工况编号	网格布规格	搭接长度/mm	极限荷载/kN
M30-15a	CNP300-5×5	150	40.2
M30-15b	CNP300-5×5	150	34.6
M30-15c	CNP300-5×5	150	36.5
M30-10a	CNP300-5×5	100	28.8
M30-10b	CNP300-5×5	100	27.6
M30-10c	CNP300-5×5	100	26.2
M17-15a	CNP170-5×5	150	22.3
M17-15b	CNP170-5×5	150	20.6
M17-15c	CNP170-5×5	150	20.8
M17-10a	CNP170-5×5	100	20.2
M17-10b	CNP170-5×5	100	20.6
M17-10c	CNP170-5×5	100	18.8
M08-15a	CNP80-5×5	150	8.8
M08-15b	CNP80-5×5	150	12.4
M08-15c	CNP80-5×5	150	8.9
M08-10a	CNP80-5×5	100	7.6
M08-10b	CNP80-5×5	100	8.5
M08-10c	CNP80-5×5	100	8.3

如图 5.19 所示为 M30-15c 工况的荷载-位移曲线,破坏现象为砂浆层破坏。整个破坏可分为 4 个阶段:①网格布张紧阶段 *OA* 段:在荷载达到峰值荷载的 15% 左右前,网格布处于应力松弛阶段,受力后网格布开始绷紧,开始出现相对的滑移。②网格布变形阶段 *AB* 段:在荷载达到峰值的 15% ~80% 时,玻璃纤维网格布承受其所施加的拉力,开始产生变形,同时黏结面出现细微的裂缝,偶尔能听到黏结面混凝土颗粒掉落的声音。③裂缝发展阶段 *BC* 段:在荷载达到峰值的 80% 时,此时网格布所承受的拉力并不会对其产生破坏,但黏结表面混凝土受到的剪力已超过其承载极限值,并开始出现大量的裂缝,试件开始出现滑移。随着荷载的增大,玻璃纤维网格布与试件产生分离,黏结面的混凝土块大量脱落,试件同时出现较大滑移。④完全破坏阶段 *CD* 段:在达到峰值荷载时,在一端的混凝土表面完全脱离,其连接性能丧失,连接节点完全破坏。

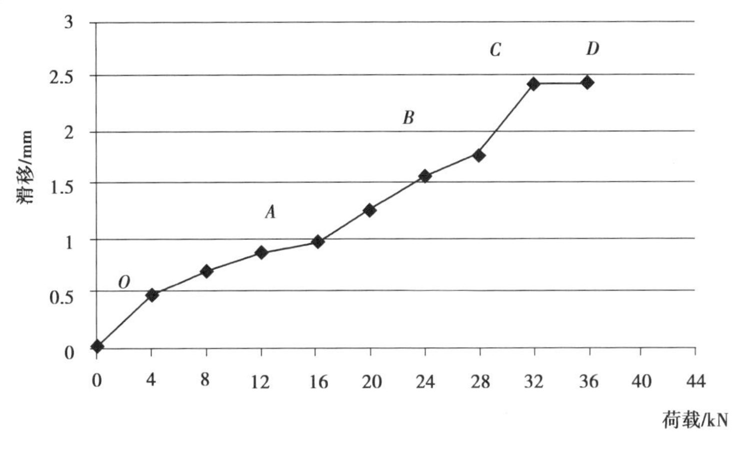

图 5.19 砂浆层破坏的荷载-滑移曲线

如图 5.20 所示为 M08-15b 工况的荷载-位移曲线,破坏现象为砂浆层破坏。整个破坏可分为 3 个阶段:①网格布张紧阶段 *OA* 段:在荷载达到峰值荷载的 15% 左右前,网格布处于应力松弛阶段,受力后网格布绷紧,开始出现相对的滑移。②裂缝发展阶段 *BC* 段:在 15% ~80% 的极限荷载时,网格布主要受拉,基于自身材料伸缩率影响而被拉长,出现稳定的位移变化。③完全破坏阶段 *CD* 段:玻璃纤维网格布无法再承受其所受到的拉力,在端部或者中部全部断裂造成连接节点破坏,其连接性能丧失。

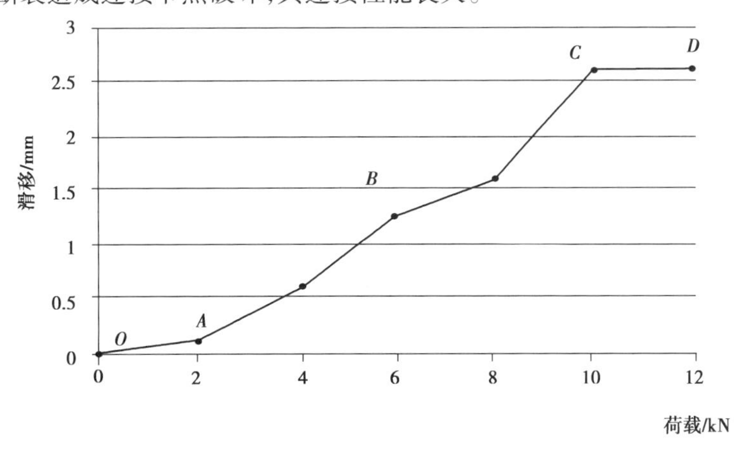

图 5.20 网格布拉断的荷载-位移曲线

5.3 本章小结

本章就聚苯颗粒复合墙板的连接问题,分别针对墙板与主体结构之间和墙板与墙板之间的连接进行了多种连接方式的承载能力试验研究,主要结论如下:

①钩头螺栓连接强度主要受到墙板厚度、螺栓直径和板边距离等因素的影响,但主要的破坏模式均为螺栓孔以下的局部墙板受拉破坏。螺栓直径和板边距离对承载能力均呈线性影响规律。

②U 形卡对复合墙板的约束作用与墙板厚度相关,5 mm 的 U 形卡能够有效约束 100 mm厚的墙板,在墙板被剪切破坏之前自身不发生破坏,但对 150 mm 厚的墙板,则会先于墙板破坏之前发生弯曲破坏。

③钢筋与聚苯颗粒混凝土的黏结滑移破坏主要为钢筋的直接拔出破坏,少数锚固较长、直径较大的钢筋试件为混凝土劈裂后的拔出破坏。

④网格布与墙板之间的连接破坏根据网格布的规格和与墙板的连接尺寸,可分为抹灰砂浆受剪破坏、部分网格布拉断和部分砂浆破坏、网格布完全拉断 3 种形态。从等可靠度的角度,部分网格布拉断和部分砂浆破坏是比较合理的破坏模式。

6　墙板施工技术

6.1　基本规定

装配式结构施工前应制订施工组织设计、施工方案；施工组织设计的内容应符合《建筑施工组织设计规范》（GB/T 50502—2009）的规定；施工方案的内容应包括构件安装及节点施工方案、构件安装的质量管理及安全措施等。

预制构件、安装用材料及配件等应符合设计要求及国家现行有关标准的规定。

施工现场公示的总平面布置图中，需明确大型起重吊装设备、构件堆场、运输通道的布置情况。

施工单位应根据施工现场构件堆场设置、设备设施安装使用、吊装造成非连续施工等特点，编制安全生产文明施工措施方案，并严格执行。

装配整体式混凝土结构安装顺序以及连接方式应保证施工过程中结构构件具有足够的承载力和刚度，并应保证结构整体稳定性。

在建筑施工过程中，应结合工程施工特点和所处环境，根据建筑施工危险等级实施分级管理，并应综合采用相应的安全技术。

6.2　墙板的进场、运输与堆放

6.2.1　墙板进场

墙板进场前，施工单位应对施工现场平面进行合理的布置，同时保证场内排水畅通，路面平整及承载力符合要求，以满足各类构件运输、卸车、堆放、吊装的安全要求。

预制构件生产单位提供构件质量证明文件，预制构件应在明显部位标明生产单位、构件型号、生产日期和质量验收标志。

6.2.2 运输与堆放

堆放墙板时宜堆成靠放且外饰面朝外,构件上部宜采用木垫块隔离;运输墙板时构件应采取固定措施,并且采用叠层平放的方式。堆放或运输构件时,应采取防止构件产生裂缝的措施。应结合本地交通条件及相关交通法律法规制订预制构件的运输方案:运输时间、次序、运输路线、存放场地、固定要求码放支垫及成品保护措施等内容。对超高、超宽、形状特殊的大型构件的运输和码放应采取质量安全专项保证措施。

6.2.3 存放

预制构件进场后,应按品种、规格、吊装顺序、方向等分别设置堆放,分类存放,堆场应设置围护,并悬挂标牌。堆场宜设置在吊装机械工作范围内。

预制构件堆场应平整,并有排水措施,构件不得直接放置于地面上。构件之间应有充足的作业空间,构件存放时预埋吊件所处位置应避免遮挡,易于起吊。

预制墙板堆场地基承载力需根据构件质量进行承载力验算,满足要求后方能堆放。在软弱地基、地下室顶板等部位设置的堆场,必须有经过设计单位复核的支撑措施。

装配式建筑墙板采用叠放方式。预制叠合板叠放层数不宜大于 6 层,预制柱、梁叠放层数不宜大于两层。底层及层间应设置支垫,支垫应平整且应上下对齐,支垫地基应坚实。

6.3 墙板安装

6.3.1 起吊准备

按不同建筑结构体系预制构件的吊装施工工艺和流程的基本要求编制流水施工,并应符合国家和地方等相关施工质量验收标准和规范的要求。

构件安装前,需要选择适宜的吊具。选择吊具应考虑预制构件形状、尺寸及质量,对尺寸较大的预制构件应选择设置分配梁或分配桁架的吊具吊装。吊装机械设备与吊具选用应经计算,即不利状况的取值标准计算,确保使用安全。吊索、横吊梁(桁架)等吊具应有明显的标志,如编号、限重等。

附着支座预埋件宜设置在现浇部位,若设计在预制构件内,则需在预制构件生产时预埋,不得在施工现场加装。在结构达到设计承载力并形成整体前,不得附着。

吊装用的钢丝绳、吊装带、卸扣、吊钩等吊具应每周全数检查至少一次,以防止在使用过程中可能存在局部的磨耗、疲劳破坏等缺陷。对有严重缺陷的吊具应及时更换,以保证质量合格要求,防止安全事故发生。

吊装用吊具应按国家现行有关标准的规定进行设计、验收或试验检验。

吊具应根据预制构件形状、尺寸及质量等参数进行配置，吊索水平夹角不宜小于60°，且不应小于45°。对尺寸较大或形状复杂的预制构件，宜采用分配梁或分配桁架的吊具。

6.3.2 墙板吊装

吊装作业应根据工期要求及工程量、机械设备的条件，组织有效的流水施工。吊装用钢丝绳、吊装带、卸扣、吊钩等吊具应根据预制构件形状、尺寸及质量等参数进行配置，应验算或试验合格，并应在其额定范围内使用。

结构吊装前，对预埋件、临时支撑、临时防护等进行再次检查，配齐装配工人、操作工具及辅助材料。

正式吊装前应选择有代表性的单元进行试安装，安装经验收后再进行正式施工。

构件卸车时充分考虑构件卸车的顺序，保证车体的平衡。构件卸车挂吊钩、就位摘取吊钩应设置专用登高工具及其他防护措施，不允许沿支承架或构件等攀爬。

吊装时遵循“慢起、快升、缓降”的原则，吊运过程应平稳。每次起吊瞬间应停顿15 s，确保平衡状态后，方可继续提升。

墙板应采用垂直吊运，严禁斜拉、斜吊；吊装和翻身扶直时的吊点应选择预埋件的吊点。无预埋件吊点时，应经计算确定吊点位置。起吊点合力宜通过构件重心，宜采用可调式平衡架起吊就位，吊装动力系数宜取1.5。

吊起的构件应及时安装就位，不得悬挂在空中；吊运和安装过程中，都必须配备信号司索工，对构件进行移动、吊升、停止、安装时的全过程应用远程通信设备进行指挥，信号不明不得吊运和安装。

构件就位后，对未形成空间稳定体系的部分，采用有效的临时固定或支撑措施，方可缓慢松吊钩；临时固定或支撑措施应在预制构件与结构之间可靠连接，再形成永久固定连接，且装配式结构能达到后续施工承载要求，经验收合格报批后方可拆除。

墙板吊装时，楼层内操作人员应佩戴保险带，并与楼面内预埋件(点)扣牢。当构件吊至操作层时，操作人员应在楼层内用钩子将构件上系扣的缆风绳钩至楼层内，然后将墙板拉到就位位置。

吊车吊装时应观测吊装安全距离、吊车支腿处地基变化情况及吊具的受力情况。

吊装作业时，吊装区域设置警戒区，非作业人员严禁入内，起重臂和重物下方严禁有人停留、工作或通过，应待吊物降落至作业面1 m以内方准靠近。

进入施工现场内行驶的机动车辆，必须按照指定的线路和速度(5～10 km/h)进行安全行驶，严禁违章行驶、乱停乱放，严禁驶入警戒区；司乘人员应做好自身的安全防护，遵守现场安全文明施工管理规定。

起重设备、吊索、吊具等保养中的废油脂应集中回收处理；操作工人使用后的废旧油手套、棉纱等应集中回收处理。

吊装作业不宜夜间施工，在风速达到9.0 m/s及以上或大雨、大雪、大雾等恶劣天气时，应停止露天吊装作业。重新作业前，应先试吊，检查确认各种安全装置灵敏可靠后才能进行作业。

6.3.3 墙板连接

构件安装就位后应及时校准,校准后须及时将构件固定牢固,防止变形和位移。固定所用的螺栓、木楔(或钢楔)、钢垫板、垫木、电焊条及接头用灌浆料等材质,应符合设计要求及国家现行标准的有关规定。

当采用焊接或螺栓连接时,应避免出现施焊造成预制构件及连接部位开裂等现象。预埋件和连接件等外露金属件应按不同环境类别进行封闭或防腐、防锈、防火处理,并应符合耐久性要求。

采用钢筋套筒灌浆连接施工前,须对灌浆料的强度、微膨胀性、流动度等指标进行检测。应在现场模拟构件连接接头的灌浆方式;每种规格钢筋应制作不少于3个套筒灌浆连接接头,并进行灌注质量以及接头抗拉强度的检验。在灌浆前每一规格的灌浆套筒接头和灌浆过程中同一规格的每500个接头,应分别进行灌浆套筒连接接头抗拉强度的工艺检验和抽检(检验方法:按规格制作3个灌浆套筒接头,抗拉强度检验结果应符合Ⅰ级接头要求)。

当采用浆锚搭接连接时,对预留孔成孔工艺、孔道形状和长度、构造要求、灌浆料和被连接钢筋,应进行力学性能以及适用性的试验验证。直径大于20 mm的钢筋不宜采用浆锚搭接连接,直接承受动力荷载构件的纵向钢筋不应采用浆锚搭接连接。

6.3.4 构造防水

预制外墙板吊装前应检查止水条粘贴的牢固性与完整性,应注意保护其空腔侧壁、立槽、滴水槽以及水平缝的防水台等部位,以免损坏而影响使用功能。

上一道工序验收合格后,方可进行防水施工。伸出外墙的管道、预埋件等应在防水施工前安装完毕。

密封防水部位的基层应牢固,表面应平整、密实,不得有蜂窝、麻面、起皮和起砂现象,嵌缝密封材料的基层应干净、干燥。应事先对嵌缝材料的性能、质量和配合比进行检验,嵌缝材料必须与板材牢固粘接,不应有漏嵌和虚粘的现象。

抽查竖缝与水平缝的勾缝,不得将嵌缝材料挤进空腔内。外墙十字缝接头处的塑料条须插到下层外墙板的排水坡上。外墙接缝应进行防水性能抽查,并做好施工记录。发现有渗漏,须对渗漏部位及时进行修补,确保防水作用。

防水密封胶的注胶宽度、厚度应符合设计要求;当设计无要求时,注胶厚度不应小于50 mm。注胶均匀、密实;表面应光滑,不应有裂缝。

施工完成后应在外墙面进行淋水、喷水试验,并观察外墙内侧墙体有无渗漏。

雨天、雪天或五级及以上大风时严禁外墙施工。

6.4 注意事项

制订安全生产目标，如入职人员教育率100%、隐患整改率100%、构件堆放倾覆率0%等，施工过程中要有总体安全生产目标，还要对目标进行分解，并配备安全生产目标实施计划和考核办法。

施工单位要建立安全生产责任制。以安全生产责任制为核心，各个岗位均应建立健全安全生产责任制。建立各级管理人员的安全生产责任；按照规定配备项目专职安全员；施工单位应建立安全巡查制度，定期或不定期组织对现场的安全进行巡视，对发现的事故隐患及时组织定人、定时间、定措施进行整改；落实项目安全资金的使用，安全文明施工措施经费是为了确保施工安全文明生产必要的投入而单独设立的专项费用，在施工过程中要保证专款专用；施工单位现场施工负责人在每个分项工程开工前，对相关的管理人员、作业人员进行书面安全技术交底，安全技术交底必须覆盖到参与本分项工程所有人员，交底完成后，所有接受交底人员必须签字不得遗漏；施工现场应建立消防安全管理机构，制订消防管理制度，定期开展消防应急演练。现场消防设施应符合《建设工程施工现场消防安全技术规范》(GB 50720—2011)规定，临时消防设施应与工程施工进度同步设置；现场的垂直运输设备，应建立设备出厂、现场安拆、安装验收、使用检查、维修保养等资料。

参考文献

[1] COOK D J. Expanded polystyrene beads as lightweight aggregate for concrete [J]. Precast Concr., 1972(4): 691-693.

[2] LE ROY R, PARANT E, BOULAY C. Taking into account the inclusions' size in lightweight concrete compressive strength prediction [J]. Cement and Concrete Research, 2005, 35(4): 770-775.

[3] BABU K G, BABU D S. Behaviour of lightweight expanded polystyrene concrete containing silica fume [J]. Cement and Concrete Research, 2003, 33(5): 755-762.

[4] SARADHI BABU D, GANESH BABU K, WEE T H. Properties of lightweight expanded polystyrene aggregate concretes containing fly ash [J]. Cement and Concrete Research, 2005, 35(6): 1218-1223.

[5] MILED K, SAB K, LE ROY R. Particle size effect on EPS lightweight concrete compressive strength: Experimental investigation and modelling [J]. Mechanics of Materials, 2007, 39(3): 222-240.

[6] HAGHI A K, ARABANI M, AHMADI H. Applications of expanded polystyrene (EPS) beads and polyamide-66 in civil engineering, part one: Lightweight polymeric concrete [J]. Composite Interfaces, 2006, 13(4-6): 441-450.

[7] GANESH BABU K, SARADHI BABU D. Performance of fly ash concretes containing lightweight EPS aggregates [J]. Cement and Concrete Composites, 2004, 26(6): 605-611.

[8] BABU D S, GANESH BABU K, TIONG-HUAN W. Effect of polystyrene aggregate size on strength and moisture migration characteristics of lightweight concrete [J]. Cement and Concrete Composites, 2006, 28(6): 520-527.

[9] ZHANG J, CHEN B, YU F. Preparation of EPS-Based Thermal Insulation Mortar with Improved Thermal and Mechanical Properties [J]. Journal of Materials in Civil Engineering, 2019, 31(9): 04019183.

[10] CHEN B, LIU J. Properties of lightweight expanded polystyrene concrete reinforced with steel fiber [J]. Cement and Concrete Research, 2004, 34(7): 1259-1263.

[11] CHEN B, LIU J, CHEN L Z. Experimental study of lightweight expanded polystyrene aggregate concrete containing silica fume and polypropylene fibers [J]. Journal of Shanghai Jiaotong University (Science), 2010, 15(2): 129-137.

[12] SADRMOMTAZI A, SOBHANI J, MIRGOZAR M A, et al. Properties of multi-strength

grade EPS concrete containing silica fume and rice husk ash [J]. Construction and Building Materials, 2012(35): 211-219.

[13] MADANDOUST R, RANJBAR M M, YASIN MOUSAVI S. An investigation on the fresh properties of self-compacted lightweight concrete containing expanded polystyrene [J]. Construction and Building Materials, 2011, 25(9): 3721-3731.

[14] FATHI M, YOUSEFIPOUR A, FAROKHY E H. Mechanical and physical properties of expanded polystyrene structural concretes containing Micro-silica and Nano-silica [J]. Construction and Building Materials, 2017(136): 590-597.

[15] ALLAHVERDI A, AZIMI S A, ALIBABAIE M. Development of multi-strength grade green lightweight reactive powder concrete using expanded polystyrene beads [J]. Constr Build Mater, 2018(172): 457-467.

[16] LAUKAITIS A, ZURAUSKAS R, KERIENE J. The effect of foam polystyrene granules on cement composite properties [J]. Cement and Concrete Composites, 2005, 27(1): 41-47.

[17] KLIGYS M, LAUKAITIS A, SINICA M, et al. The influence of some Surfactants on porous concrete properties [J]. Materials Science-Medziagotyra, 2007, 13(4): 310-316.

[18] CHEN B, LIU N. A novel lightweight concrete-fabrication and its thermal and mechanical properties [J]. Construction and Building Materials, 2013(44): 691-698.

[19] SAYADI A A, TAPIA J V, NEITZERT T R, et al. Effects of expanded polystyrene (EPS) particles on fire resistance, thermal conductivity and compressive strength of foamed concrete [J]. Construction and Building Materials, 2016(112): 716-724.

[20] BABAVALIAN A, RANJBARAN A H, SHAHBEYK S. Uniaxial and triaxial failure strength of fiber reinforced EPS concrete [J]. Construction and Building Materials, 2020, 247: 118617.

[21] CHEN B, FANG C. Contribution of fibres to the properties of EPS lightweight concrete [J]. Magazine of Concrete Research, 2009, 61(9): 671-678.

[22] GHASAEI P, MASUMI Z, HEJAZI S M, et al. Using equal cross-section theory to investigate bending properties of cellulosic fiber reinforced cement panels [J]. Journal of Industrial Textiles, 2014, 45(1): 118-132.

[23] KOKSAL F, MUTLUAY E, GENCEL O. Characteristics of isolation mortars produced with expanded vermiculite and waste expanded polystyrene [J]. Construction and Building Materials, 2020(236): 117789.

[24] OCHI T, OKUBO S, FUKUI K. Development of recycled PET fiber and its application as concrete-reinforcing fiber [J]. Cement and Concrete Composites, 2007, 29(6): 448-455.

[25] 曾翔超，余红发. 钢筋碱式硫酸镁水泥混凝土梁抗弯性能试验研究 [J]. 哈尔滨工程大学学报，2018，39(12)：1933-1940.

[26] 高子栋，潘红，赵大军，等. 面层材料对复合夹芯墙板力学性能的影响[J]. 墙材革新与建筑节能，2015(12)：40-42.

[27] 吴成友. 碱式硫酸镁水泥的基本理论及其在土木工程中的应用技术研究[D]. 西宁：中国科学院青海盐湖研究所，2014.

[28] 陈文海，吴成友，蒋宁山，等. 碱式硫酸镁水泥混凝土在硫酸盐溶液中的损伤过程研究[J]. 硅酸盐通报，2017，36(7)：2392-2396.
[29] 陈文海，吴成友，张慧芳，等. 碱式硫酸镁水泥混凝土基本力学性能研究[J]. 青海大学学报，2017，35(02)：48-54.
[30] 陈文海，吴成友，蒋宁山，等. 碱式硫酸镁水泥钢筋混凝土梁静力荷载和疲劳性能试验研究[J]. 硅酸盐通报，2017，36(7)：2404-2409.
[31] 杨三强. 碱式硫酸镁水泥混凝土的基本力学性能和本构关系[D]. 南京：南京航空航天大学，2017.
[32] 曾翔超，余红发. 碱镁混凝土大偏心受压柱的试验研究[J]. 哈尔滨工程大学学报，2017，38(6)：852-858.
[33] 王爱国，楚英杰，徐海燕，等. 碱式硫酸镁水泥的研究进展及性能提升技术[J]. 材料导报，2020，34(13)：13091-13099.
[34] 李振国，董文俊，刘江武，等. 碱式硫酸镁水泥胶砂流动度及强度试验研究[J]. 硅酸盐通报，2016，35(10)：3101-3105.
[35] 黄泓萍，余红发，张娜，等. 碱式硫酸镁水泥的配料规律与基本物理力学性能研究[J]. 硅酸盐通报，2016，35(8)：2561-2567，2574.
[36] 陈文海，吴成友，蒋宁山，等. 外加剂和粉煤灰对碱式硫酸镁水泥混凝土性能影响研究[J]. 硅酸盐通报，2017，36(6)：1847-1851，1859.
[37] 陈远基，吴成友，陈方宇，等. 菱苦土对轻烧白云石制备碱式硫酸镁水泥影响的研究[J]. 硅酸盐通报，2018，37(8)：2506-2511.
[38] 罗轲嘉，庞瑞阳，刘潘潘. 粉煤灰对碱式硫酸镁水泥性能的影响[J]. 青海交通科技，2019(5)：115-119.
[39] 王琪. 稀硫酸法制备碱式硫酸镁水泥及其性能研究[D]. 太原：山西大学，2020.
[40] 高子栋，钱中秋，潘红. 复合夹芯墙板的力学性能研究[J]. 墙材革新与建筑节能，2014(11)：53-55.
[41] 张兰英，易国辉，蔡玉龙. 装配式外围护墙板及其连接件抗风能力分析[J]. 住宅产业，2015(7)：28-31.
[42] 夏光辉. 新型夹芯保温复合墙板力学及热工性能研究[D]. 合肥：安徽建筑大学，2013.
[43] 刘腾蛟，唐晓. 墙板与钢结构连接方法总结分析[J]. 技术与市场，2016，23(6)：143-144.
[44] 刘兆明. 一种轻质隔墙板的连接结构：中国，CN201420740080. X[P]. 2015-04-15.
[45] 罗晓生，李婉琴，孙维振，等. 一种轻质墙板拼接成的围护墙体：中国. CN201320123736. 9[P]. 2013-09-04.
[46] LEE J H, KANG S H, HA Y J, et al. Structural Behavior of Durable Composite Sandwich Panels with High Performance Expanded Polystyrene Concrete [J]. Int J Concr Struct M, 2018, 12(1):1-13.
[47] DIXIT A, PANG S D, KANG S H, et al. Lightweight structural cement composites with expanded polystyrene (EPS) for enhanced thermal insulation [J]. Cement Concrete

Composites, 2019(102): 185-197.

[48]肖建庄，宋志文，张枫．混凝土导热系数试验与分析[J]．建筑材料学报，2010，13(1)：17-21.

[49]GIBSON L J, Ashby M F. 多孔固体结构与性能[M]. 刘培生，译. 北京：清华大学出版社，2003.

[50]XIE Y, LI J, LU Z Y, et al. Preparation and properties of ultra-lightweight EPS concrete based on pre-saturated bentonite [J]. Constr Build Mater, 2019(195): 505-514.

[51]LI C, MIAO L C, YOU Q, et al. Effects of viscosity modifying admixture (VMA) on workability and compressive strength of structural EPS concrete [J]. Constr Build Mater, 2018(175): 342-350.

[52]YOU Q, MIAO L C, LI C, et al. Experimental study on preventing expanded polystyrene concrete segregation [J]. Adv Cem Res, 2019, 31(10): 457-471.

[53]SUN Y, YOU J J, ZHOU J, et al. Quantified research on the nonuniform distribution of expanded polystyrene beads in sandwich panels [J]. Constr Build Mater, 2020 (263): 120672.

[54]NIKBIN I M, GOLSHEKAN M. The effect of expanded polystyrene synthetic particles on the fracture parameters, brittleness and mechanical properties of concrete [J]. Theor Appl Fract Mec, 2018(94): 160-172.

[55]LIU N, CHEN B. Experimental study of the influence of EPS particle size on the mechanical properties of EPS lightweight concrete [J]. Construction and Building Materials, 2014 (68): 227-232.

[56]XU Y, JIANG L H, XU J X, et al. Prediction of compressive strength and elastic modulus of expanded polystyrene lightweight concrete [J]. Mag Concrete Res, 2015, 67(17): 954-962.

[57]QURASHI M A, SHAH S A R, FARHAN M, et al. Sustainable Design and Engineering: A Relationship Analysis between Digital Destructive and Non-Destructive Testing Process for Lightweight Concrete [J]. Processes, 2019, 7(11): 791-815.

[58]VAKHSHOURI B. Testing specimen effect on shrinkage of lightweight concrete [J]. P I Civil Eng-Str B, 2018, 171(3): 263-270.

[59]VAKHSHOURI B, NEJADI S. Review on the mixture design and mechanical properties of the lightweight concrete containing expanded polystyrene beads [J]. Aust J Struct Eng, 2018, 19(1): 1-23.

[60]刘嫄春. EPS混凝土试验、本构模型及节能评价研究[D]. 哈尔滨：中国地震局工程力学研究所，2013.

[61]LOPEZ-BUENDIA A M, ROMERO-SANCHEZ M D, CLIMENT V, et al. Surface treated polypropylene (PP) fibres for reinforced concrete [J]. Cement Concrete Res, 2013(54): 29-35.